高等院校经济学管理学系列教材

博弈论及其应用

郎艳怀　编著

上海财经大学出版社

图书在版编目(CIP)数据

博弈论及其应用/郎艳怀编著.—上海:上海财经大学出版社,2015.2
(高等院校经济学管理学系列教材)
ISBN 978-7-5642-2031-0/F·2031

Ⅰ.①博… Ⅱ.①郎… Ⅲ.①博弈论-高等学校-教材 Ⅳ.①O225

中国版本图书馆 CIP 数据核字(2014)第 252492 号

□ 责任编辑 汝 涛
□ 封面设计 张克瑶
□ 责任校对 赵 伟

BOYILUN JIQI YINGYONG
博弈论及其应用
郎艳怀 编著

上海财经大学出版社出版发行
(上海市武东路 321 号乙 邮编 200434)
网 址:http://www.sufep.com
电子邮箱:webmaster @ sufep.com
全国新华书店经销
上海市印刷七厂印刷
上海景条印刷有限公司装订
2015 年 2 月第 1 版 2015 年 2 月第 1 次印刷

787mm×1092mm 1/16 10.25 印张 243 千字
印数:0 001—3 000 定价:38.00 元

前 言

1999年,笔者在大连理工大学读博士,在图书馆的书架上看到一本《对策论》,随手翻看,对零和博弈印象深刻,就这样开始了博弈论的自学。后来运用博弈论方法完成的几篇论文,都被录用发表,博士论文的完成更是得益于博弈论基础。

2002年4月,笔者来到上海财经大学工作。同年5月,研究生课程《博弈论》的教学任务下达了数学系。系领导问:"谁可以上?"没有人回答。我怯怯地说:"我来试试吧。"接着一个暑假收集博弈论的资料,认真研读、备课。

2002年9月,笔者在上海财经大学广中路校区开始上课。记得当时给我的信息是20多名学生选课,安排在一间小教室。找到教室后,笔者发现一个人也没有。好慌呀!与研究生院老师联系,原来因为选课的学生太多,换了阶梯教室。

屈指算来,笔者从事博弈论教学,一晃就是十几个年头!学生的对象从本科生、硕士生,到博士生。十几年的教学实践中,不断地完善教学大纲和课件内容,积累了大量的资料。应上海财经大学出版社黄磊社长的邀约,整理出版这本《博弈论》,可谓十年磨一剑!

从1994年纳什等三位博弈论专家获得诺贝尔经济学奖开始,博弈论便开始广泛应用于政治、经济和军事等领域,是经济分析的重要方法,给现代经济学带来了深刻的革命。博弈论在经济学中的地位和作用越来越重要,以至于保罗·萨缪尔森说:"要想在现代社会做一个有文化的人,就必须对博弈论有一个大致的了解。"

博弈论是一种数学方法,是研究理性的决策主体之间发生冲突时的决策问题和均衡问题,在决策分析中具有独特功效,为实际应用提供决策指导。内容包括博弈论的基本概念、基本理论、经典模型和分析方法。学生们通过对本书的学习,可以培养自己建立博弈模型和进行博弈分析的能力,掌握运用博弈理论解决实际问题的方法。

本书可以作为经济管理类本科生和研究生的课程教材和参考书,也可以作为经济管理工作者,以及法律和政治工作者的参考书。

鉴于水平有限,书中难免存在错误和不当之处,恳请读者和教学工作者提出宝贵意见,我们一同来完成改进、完善工作,以期奉献给读者一本好书!笔者的电子邮箱:yhlang@mail.shufe.edu.cn。

在本书的编写过程中,得到了校领导的重视和支持,也得到了上海财经大学出版社的大力协助,在此一并致谢!

郎艳怀

2014年12月

目　录

第二部分 完全信息动态博弈

第三部分 不完全信息静态博弈

第四部分 不完全信息动态博弈

第五部分 博弈论方法应用

导 论

“一种科学只有成功地运用数学时，才算达到了真正完善的地步。”

——马克思

一、数学与经济学

经济学系统运用数学方法最早的例子，通常认为是17世纪中叶英国古典政治经济学的创始人威廉·配第(William Petty，1623～1687年，英国经济学家)的著作《政治算术》。但实际上，从19世纪中叶起，数学才真正开始与经济学结下不解之缘。1838年，奥古斯丁·古诺(Augustin Cournot)发表了题为《财富理论的数学原理研究》的经济学著作。这本书中充斥了数学符号，当时的经济学家们不能容忍这种“胡言乱语”，他们的反对迫使古诺对经济学沉默了25年。1863年，古诺又用通俗语言重写他的著作，书名为《财富理论的原理》，但数学家严谨的思维方法仍使这本著作遭到了冷遇，古诺的历史地位直到他去世80年以后才被充分肯定。正如德布鲁(Debreu)在1983年获得诺贝尔经济学奖时的演讲中所说：“如果要对数理经济学的诞生选择一个象征性的日子，我们这一行会以罕见的一致意见选定1838年，古诺是作为第一个建立阐明经济现象的数学模型的缔造者而著称于世的。”

真正产生今天意义上的数理经济学的是(小)瓦尔拉斯(Walras)，他在1874年前后提出的一般经济均衡理论。一般经济均衡的观念一直可以追溯到亚当·斯密(Adam Smith)，甚至更早。但被表达成瓦尔拉斯的联立方程组的形式，则应归功于瓦尔拉斯所接受的那些工程和数学的教育。商品的供给和需求及其与价格的错综复杂的关系，一旦由一些数学方程来表达，这些方程的解所形成的理想经济状态也就随之而生，而它就是所谓的“瓦尔拉斯一般经济均衡”。瓦尔拉斯虽然正确地提出了一般经济均衡的数学框架，但是他的数学论证则完全是不可信的。80年以后，1954年第一个一般经济均衡模型的严格数学证明由阿罗(Arrow)和德布鲁提出，因为用来证明一般经济均衡所必要的布劳维不动点定理的推广——角谷不动点定理，是到1941年才出现。从1874年到1954年的这80年间，所谓数理经济学，几乎就等同于一般经济均衡理论的数学研究。其中还使冯·诺伊曼(Von Neumann)这样的大数学家也投身进去，为它砌上一块基石。直到1959年，德布鲁发表了他的《价值理论:经济均衡的一种公理化分析》，正式宣告运用数学公理化方法的数理经济学的诞生。至此，数学在经济学中就不再是一般的介入了，而是占领了一块理论经济学的领地。

帕累托(Pareto)也许是将理论经济学引进科学思想和方法最多的人。他在这方面的成就完全可以与庞加莱(Poincaré)在自然科学方面的成就媲美。这似乎耐人深思，其实他只是一位在数学上训练有素的工程师。他的科学思想也好、科学方法也好，说到底首先是数学。他对一般经济均衡的研究几乎完全是数学研究。由此导出的所谓“帕累托最优条件”在今天也同样频繁地出现在数学文献中。

诺贝尔奖原来是既没有数学也没有经济学的。但是，从1969年起，瑞典皇家科学院开始设立诺贝尔经济学奖，旨在奖励“以科学研究发展静态的和动态的经济理论，以及对提高经济学分析水平有积极贡献的人士”。由于诺贝尔经济学奖强调科学性和分析水平，自然使经济学家中的数学家大大沾光。1970年的诺贝尔经济学奖得主是萨缪尔森(Samuelson)，他是一位兴趣广泛、才华横溢的大经济学家，25岁就当上了麻省理工学院的经济学教授。他写的经济学教科书从1948年出版起，年年再版，并且有几十种文字(包括中文)的译本。我们不能说他是完全因数学而得奖，但他的数学造诣确实非同一般，数学界把萨缪尔森看作是一名数学家。1973年的诺贝尔经济学奖的得主是里昂惕夫(Leontief)，他的投入—产出方法现在几乎已成了经济学常识。

实际上，经济学中数学的运用与经济学本身的发展已在一定程度上不可分割，并且这种程度正在越来越深。为什么数学会如此深入到经济学中去呢？对此，德布鲁的回答是：“坚持数学严格性，使公理化已经不止一次地引导经济学家对新研究的问题有更深刻的理解，并使适合于这些问题的数学技巧运用得更好。这就为向新方向开拓建立了一个可靠的基地。它使研究者从必须推敲前人工作的每一个细节的桎梏中脱身出来。数学的严格性无疑满足了许多当代经济学家的智力需要，因此，他们为了自身的原因而追求它，但是作为有效的思维工具，它也是理论的标志……还有另一个方面，经济理论的公理化已经向经济工作者提供他们能接受的高度有效的数学语言。这使得他们可以互相交流，并以非常经济的方式进行思考。与此同时，经济学家和数学家之间的对话已经变得更加频繁。像冯·诺伊曼那样，把他的研究精力的相当一部分放在经济问题上，这种第一流数学家的例子已经不是独一无二的了。同样，经济理论也开始影响数学。其中，最明显的例子是角谷定理、集值映射的积分理论、近似不动点计算的算法以及方程组的近似解的算法。”

经济学应用数学的起点是“生产最优化”。由于经典数学中变分原理的研究以及后来数学规划理论的发展，这方面的数学相当成熟。而生产最优化至少从局部来看是实证经济学中的一个重要问题，它在数学上又恰好能归结为熟知的问题，从而使数学得到了非常成功的运用。其成功的标志之一是仅线性规划一项就已经为人类节约了上千亿美元。

由于数学上可以利用拉格朗日乘子法，因此可以通过决策分散化来求相应数值，但数学作为有效的思维工具，它也是理论的标志。经济学中更进一步的问题都要涉及多方利益的协调。于是，经典的最优化数学就不够用了，这促使冯·诺依曼和摩根斯坦(Morgenstern)的博弈论和阿罗—德布鲁的一般经济均衡理论的出现。同时,还有对福利经济学和社会选择问题的研究,同样是对个体和整体的利害关系的讨论。经过近100年的研究,人们开始对经济中的竞争与合作的关系有了较清晰的了解。为此,成功地动用了数学"武器库"中的各种"武器"。

在经济学家探索前进的道路上,"成功地运用数学"将永远可以作为经济学家手中的一项有用的工具!

二、博弈论的发展

博弈论不是经济学的一个分支,它是一种方法,涉及很多领域:军事、法律、政治、国际关系、体育竞技、社会经济活动等。实际上,博弈论是数学的一个分支。

博弈理论开始于1944年由冯·诺依曼和摩根斯坦合作的《博弈论和经济行为》(*The Theory of Games and Economic Behaviour*)一书的出版。该书写道:"我们的思考将把我们引向'策略博弈'的数学理论应用上。这一理论是我们两人在1928年、1940年至1941年相继发展起来的。这一理论将为一系列尚未解决的经济学问题提供一种全新的思考方法。我们必须以某种方式把博弈论与经济理论联系起来,并找出它们之间的共同之处。博弈论是建立经济行为理论的最恰当的方法。典型的经济行为问题完全等价于恰当的数学概念上的'策略博弈'。"

《美国数学学会公报》对这本著作进行了评价:"这本著作有可能被后人看作是20世纪前半叶最重要的科学成就之一。如果作者成功地建立了一门新的精确科学——经济科学,那么,上述说法将是毫无疑问的。这门由他们奠定基础的科学有着极为广阔的发展前景。"《美国经济评论》对这本著作评价道:"你不得不赞叹,这本著作几乎每一页都表现出了开拓创新的精神境界、细节上的锲而不舍和思想的深邃……如此高水准的著作的确罕见。"

一位数学家与一位经济学家,以"策略博弈论"为基础,创立了经济和社会组织的数学理论。这一著作详细分析和阐述了这一理论,并将其应用于各种各样的经济和社会问题之中。

20世纪50年代以来,纳什(Nash)、泽尔腾(Selten)、海萨尼(Harsanyi)等人使博弈论最终成熟并进入实用阶段。这三位大师主要的贡献如下:1950年和1951年纳什的两篇关于非合作博弈论的重要论文,彻底改变了人们对竞争和市场的看法。他证明了非合作博弈及其均衡解,并证明了均衡解的存在性,即著名的"纳什均衡",从而揭示了博弈均衡与经济均衡的内在联系。因为在现实世界中,非合作博弈要比合作博弈普遍得多。泽尔腾(1965)将纳什均衡的概念引入了动态分析,提出了"精炼纳什均衡"概念,并进一步刻画不完全信息动态博弈的"完备贝叶斯纳什均衡"。而海萨尼(1967~1968)则发展了刻画不完全信息静态博弈的"贝叶斯纳什均衡"。总之,泽尔腾和海萨尼进一步将纳什均衡动态化,加入了接近实际的不完全信息条件。他们的工作为后人继续发展博弈论提供了基本思路和模型 。

奥曼(R. J. Aumann)说:"20世纪40年代末50年代初是博弈论历史上令人振奋的时期,原理已经破茧而出,正在试飞其双翅,同时,该时期活跃着一批巨人。"

通过梳理,我们可以发现博弈论和诺贝尔经济学奖的不解之缘:

1994 年，非合作博弈：纳什、海萨尼和塞尔顿(Selten)。

1996 年，不对称信息激励理论：莫里斯(Mirrlees)和维克瑞(Vickrey)。

2001 年，不完全信息市场博弈：阿克罗夫(Akerlof)(商品市场)、斯潘塞(Spence)(教育市场)、斯蒂格利茨(Stiglitz)(保险市场)。

2002 年，实验经济学：史密斯(Smith)；心理经济学：卡尼曼(Kahneman)。

三、博弈模型方法

博弈论是应用数学的一个分支，博弈模型实际上就是数学模型，所以，我们先来介绍数学模型方法。“数学模型方法”(mathematical modeling method)简称 MM 方法，不仅是处理数学理论问题的一种经典方法，而且也是处理科学和技术领域中各种实际问题的一般数学方法。例如，经济科学、军事科学、交通运输等管理科学领域，都应用着 MM 方法。

数学模型是针对或参照某种事物系统的特征或数量相依关系，采用形式化数学语言，概括地或近似地表述出来的一种数学结构。这种数学结构应该是借助于数学概念和符号刻画出来的某种系统的纯关系结构。所谓纯关系结构，是指已经扬弃了一切与关系无本质联系的属性后的系统而言，在数学模型的形成过程中，已经用了抽象分析法，也可以说，抽象分析法是构造数学模型的基本手段。

从广义上讲，数学中各种基本概念，如实数、向量、集合、群、环、城、范畴、线性空间、拓扑空间等都可称作 MM，因为它们都是以各自相应的现实原型(实体)作为背景而加以抽象出来的最基本的数学概念。从狭义上讲，只有那些反映特定问题或特定的具体事物系统的数学关系结构才能称作 MM。例如，在应用数学中，“MM”一词通常都作狭义解释，而构造 MM 的目的就是为了解决具体实际问题。数学模型与现实原型的关系是反映与被反映的关系。因为 MM 的构造需经过抽象分析过程，即经过对现实原型扬弃次要环节的过程，故 MM 和现实原型只能具有相对一致性，事实上往往只能在基本环节上(这些环节或关系结构是能借助数学形式表现出来的)有着近似的一致性。从数学模型的性质要求和构造方法来看，构造 MM 的能力至少包括四个方面：一是理解实际问题的能力；二是抽象分析的能力；三是运用数学工具的能力(包括运用数学形式语言的能力)；四是通过实践加以验证的能力。

数学建模强调的是把实际问题转化为相应的数学问题，抽象表达具体问题的本质，建立起标准的数学问题，应用数学知识来解决。好比实际问题和数学方法之间横有一条河，数学建模是连接两岸、解决问题的桥梁，而且“八仙过海，各显其能”。

如图 1 所示，哥尼斯堡有七座桥连接两岛和两岸，学生发现无论从哪里开始步行过桥，都无法一次不重复地走过七座桥。

他们去请教欧拉，欧拉将桥梁通往的地点抽象成四个点，七条桥抽象成七条线(见图 2)，七桥问题抽象成线路拓扑的一笔画问题。在 MM 上进行逻辑推理，结论无解，回到现实原型就是实际问题无解。

七桥问题的建模过程可以用图 3 表示。

“数学建模”这座无形的桥梁使得数学在社会经济、生产实践和生活中都得到切实的应用，这就是数学建模的桥梁作用。

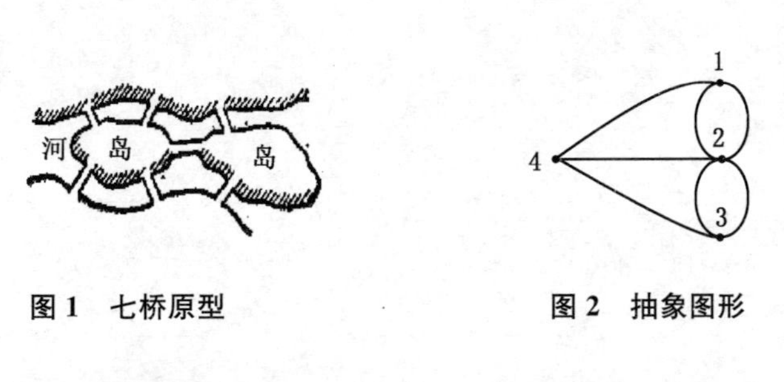

图 1 七桥原型　　　　图 2 抽象图形

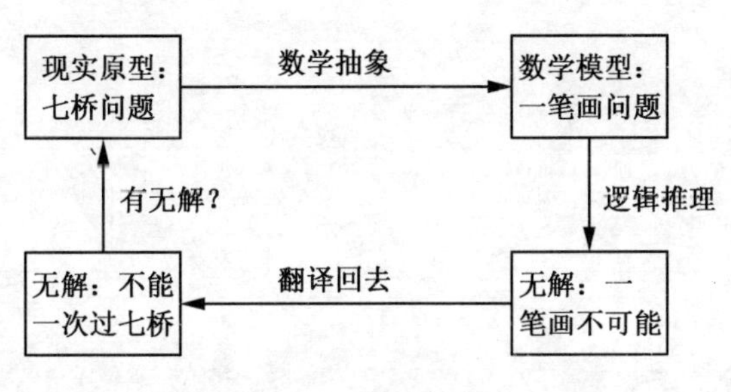

图 3 建模过程

博弈论是一个分析工具，博弈模型是对各种现实生活状况的高度抽象概括。博弈模型方法的抽象性使得它可以研究范围很广的问题。博弈模型方法，就是将现实社会经济活动中的问题抽象出博弈模型，运用博弈理论和思想进行分析，并得出相应的结论，以指导现实生活和解决问题。将抽象的博弈模型应用于现实生活的博弈模型方法是一门艺术。

第一部分

完全信息静态博弈

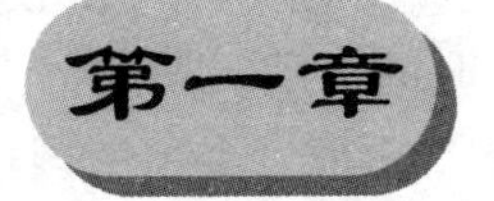

第一章 博弈概述

第一节 海滩占位问题

我们来到海滩。夏天很多游客喜欢在海边晒太阳、游泳。海滩有月牙形、弧形，绵延数公里。为了研究问题方便，我们姑且把海滩的长度抽象定为1，而[0,1]区间就表示海滩的长度。

A和B是两个小商贩，出售无差异的食品，同质同价，包括矿泉水、面包等。如图1—1所示，“*”表示游客均匀地分布在海滩上，游客就近购买食品。在沙滩上应该如何分布两个小商贩的位置呢？

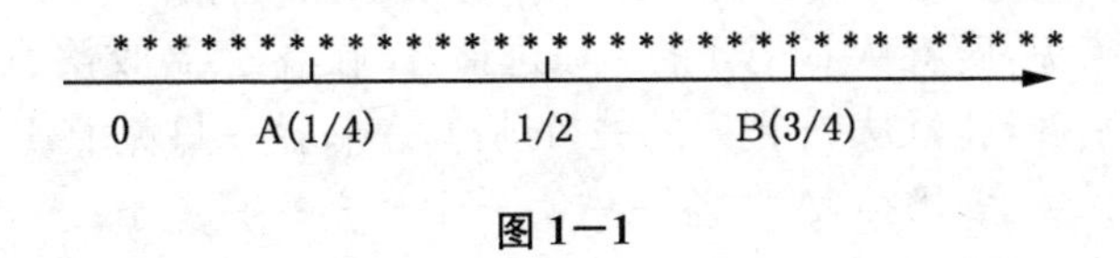

图1—1

合理的分布应该是A在1/4处，B在3/4处，这样对游客、对商贩都是公平合理。两个商贩各拥有一半的客户，收益相同。

两个商贩可不这样想！他们是理性人，理性人的标志是：最大化个人利益。A想增加收益的办法就是把摊位向中间靠拢，这样可以从B那儿争取多一些的顾客。B也是理性人，他也会想到这样的办法，将摊位向中间靠拢。这样一来，两个商贩的最后位置就在中间相邻。

我们从实地观察出发，上海财经大学国定路校区正对面就是好德超市，出门右转30米，站在国定支路路口，抬眼看去，左边是华联超市，前面不远处是联华超市，再前面还有农工商超市。这么多超市为何如此密集地聚在一起？

国定路校区对面的超市现象，也是这个道理。本质上是理性人的理性行为的结局，也是公平公正的市场竞争的合理结局。

这就是著名的海滩占位模型。现实生活中、经济领域中,有很多类似的现象。

各电视台的节目,几乎是同一时间出现。湖南台推出了超级女声,上海台推出好男儿。最有趣的是决赛时间是相同的!上海台推出中国达人秀以后,类似的节目如雨后春笋般出现。同一时间段的节目雷同到分辨不出实质差异。

银行方面,如中国银行、中国工商银行、交通银行、中国建设银行、中国农业银行,本来是有业务分界的,如今仔细观察一下,不难发现,业务几乎一模一样。

中国移动和中国联通是两大电信行业的巨无霸,所有的套餐业务几乎完全一样。记得若干年前,手机是双向收费的。忽然有一天,一家推出了单向收费的包月项目,很快,另一家也跟上一样的项目。为了打破垄断,国家扶植中国电信进入电信行业与之抗衡。

英国、美国和法国的党派之争,也可归结为海滩占位模型。还有很多社会现象和问题,也可以用海滩占位模型解释。

第二节　猎鹿问题分析

猎人A和B约好,一同去猎鹿。一头鹿被他们围在山谷中,刚好山谷中有两个出口可逃,如果每人把守住鹿可能逃跑的这两个关口,齐心协力,就一定能猎到鹿。这时,跑过一群兔子,两个人无论是谁要去抓兔子都会成功。抓到一只兔子的代价是鹿就从他所把守的关口逃跑。

每个猎人可以采取的策略是猎鹿或者猎兔。他们必须同时做出选择:猎鹿还是猎兔。结果会怎样呢?

每个猎人从可选择的策略中选一个并实施,构成一个策略组合。对应于每一个策略组合,每个猎人有一个相应的收益,可能的结果有如下四种:

(1)A猎鹿,B猎鹿,一定抓得到鹿,每个人的收益是半只鹿;

(2)A猎鹿,B猎兔,鹿就从B把守的关口逃掉,A收益零,B收益一只兔子;

(3)A猎兔,B猎鹿,鹿就从A把守的关口逃掉,A收益一只兔子,B收益零;

(4)A猎兔,B猎兔,鹿逃掉,A收益一只兔子,B收益一只兔子。

可见,每个猎人的期望不能由自己决定,要看对方的策略选择,能否捉得到鹿,依赖于对方的选择。如果对方选择捉兔子,而你选择猎鹿,这个策略组合,对你而言,是最差的选择,也是最坏的策略。

策略的相互依存关系是博弈的关键,对于每个博弈方(也称作参与者、博弈方),一方的收益不仅与自己的选择有关,而且也会与其他的博弈方的策略息息相关。

猎鹿博弈的原理,在现实生活中的应用很广泛。例如,两人商量共同投资一个项目,可以获得较大的利润,同时都清楚,某一个较小的项目虽然收益不多,但是风险不大,一个人的能力就可以达到。如果其中的一个投资方改变主意,转投较小的项目,另一个投资方就要蒙受损失。

猎鹿博弈的另一个原理,是这个博弈存在两个纳什均衡,博弈双方的偏好影响博弈结果。

第三节　博弈论是什么

海滩占位模型和猎鹿博弈都是博弈模型，它们的共同特点是：博弈中有两个以上的参与者，也称博弈方，或者参与者(本书中统称为博弈方)；博弈方在博弈中有自己的切身利益，他们有自己可以选择的策略，这种选择能够影响到其他博弈方的收益。博弈中，每个博弈方理性的选择策略行为，尽可能在相互作用、相互影响的依存关系中扩大自己的收益，这是博弈的关键。好比下棋和足球比赛，各博弈方都全力以赴，为胜利而战。英文“Game Theory”翻译为“博弈论”的道理就是，博弈就是一场游戏。博弈论是对各种现实问题的高度抽象和概括，用数学的形式来精确地表达定义和结论，并将概念的来龙去脉和解释贯穿其中。

博弈论：关于包含相互依存情况中理性行为的研究。

相互依存：通常是指博弈中的任何一个博弈方受到其他博弈方行为的影响；反过来，他的行为也影响到其他博弈方。相互依存的另一个方面是博弈方可以有某些共同的兴趣或利益所在。

“理性行为”的说明：博弈论中的所谓理性，一般不是指道德标准，而是将追求效用或者目标最大化的行为称为理性行为。

由于博弈方的相互依存性，博弈中一个理性的决策必定建立在预测其他博弈方的反应之上。一个博弈方将自己置身于其他博弈方的位置上从而预测其他博弈方将选择的行动。在这个基础上，该博弈方决定自己最理想的行动，这就是博弈论方法的本质与精髓。

博弈的三要素：

(1)博弈方——参与博弈但利益不完全一致者，有二人博弈与多人博弈之分。

(2)策略集——每个博弈方都会有一系列的策略可选，称为对应于每个博弈方的策略集，有许多种对策。

(3)得益——在每个策略组合下每一个博弈方的得益情况，这是选择策略的标准，称为得益函数或支付函数。

第四节　博弈论的分类

博弈论研究的问题千差万别，博弈结构和模型的差别也很大。按不同的分类原则和方法会有不同的分类。从合作的角度，博弈分为非合作博弈和合作博弈。非合作博弈范围内，又可分为完全理性博弈和有限理性博弈(进化博弈)。从过程的角度，博弈分为静态博弈、动态博弈和重复博弈。从博弈方数量的角度，博弈分为单人博弈、双人博弈和多人博弈。从得益角度，博弈分为零和博弈、常和博弈与变和博弈。从理论的角度，博弈分为完全信息静态博弈、不完全信息静态博弈、完全且完美信息动态博弈、完全但不完美信息动态博弈和不完全信息动态博弈。

理论上从对应均衡的角度，博弈的分类如表1—1所示。

表 1—1 博弈的分类

	静 态	动 态
完全信息	完全信息静态博弈； 纳什均衡； 纳什(1950)	完全信息动态博弈； 子博弈精炼纳什均衡； 泽尔腾(1965)
不完全信息	不完全信息静态博弈； 贝叶斯纳什均衡； 海萨尼(1967～1968)	不完全信息动态博弈； 精炼贝叶斯纳什均衡； 泽尔腾(1975)；戴维·克雷普斯(David Kreps)和罗伯特·威尔逊(Robert Wilson，1982)；朱·弗登博格(Drew Fudenberg)和让·梯若尔(Jean Tirole)

第五节 经典博弈模型

一、囚徒困境模型

最著名的策略型博弈之一是“囚徒困境”。它的名字来自嫌疑犯的故事，其重要性在大量情形中多有体现，参与者面临着与故事中嫌疑犯同样的动机。

(一)囚徒困境

重大案件中的两个嫌疑犯分别被关在两个单独牢房中。有足够的证据证明两个人都犯有较轻的罪，但是没有足够的证据证明两人中的任何一个人是主犯，除非至少一个人招认，否则不能将二人判有罪。警察把二人分别带到不同的房间，告之后果：如果二人均不坦白，将被判入狱一年；如果双方均坦白，将被判入狱 5 年；如果一方坦白，另一方不坦白，坦白一方立即释放，另一方判入狱 8 年。由理性人的原则，两个嫌疑犯选择策略的原则是最大化个人利益，他们应该如何选择自己的策略？每个人的得益不仅仅与自己的策略选择有关，也与对方的策略选择息息相关。每个博弈方在做选择时，必须考虑到对方可能的选择情况和对自己的影响。

这个情形可以建模为策略型博弈：

博弈方：两个嫌疑犯 A 和 B。

策略：每个嫌疑犯的行动集是(坦白，不坦白)。

收益：对应于每种策略组合，有相应的收益结果。

策略组合：嫌疑犯 A 和 B 从可以选择的策略中选择并实施，有四种情况(括号中，前面是 A 的策略，后面是 B 的策略)。

每个策略组合对以下 A 的结果，从优到劣，依次为：

(坦白，不坦白)，结果是 A 被释放；

(不坦白，不坦白)，A 被判刑 1 年；

(坦白，坦白)，各被判 5 年；

(不坦白，坦白)，A 被判 8 年。

同理，每个策略组合对以下 B 的结果，从优到劣，依次为：(不坦白，坦白)、(不坦白，不坦白)、(坦白,坦白)、(坦白,不坦白)。

我们可以用图来简洁地表示这个博弈。这个博弈是斯坦福大学的客座教授数学家图克(Tucker)于 1950 年提出的,他的这个故事是为了向斯坦福大学的一群心理学家解释什么是博弈论。这个故事反映了博弈问题的根本特征,这个模型可以有效地解释很多经济现象,研究经济效率问题。

该图称为博弈矩阵,将博弈的三要素都在图中体现出来。这种表示方法是由托马斯·谢林(Thomas Schelling)首先提出的。他说:"假如真有人问我有没有对博弈论作出一点贡献,我会回答有的。若问是什么,我会说我发明了用一个矩阵反映双方得失的做法……我不认为这个发明可以申请专利,所以我免费奉送,不过,除了我的学生,几乎没有人愿意利用这个便利。现在,我也供给各位免费使用我发明的矩阵。"

博弈阐述如图 1—2 所示。在这个图中,两行分别对应于博弈方 A 的两种可能的策略,两列分别对应于博弈方 B 的两种可能的策略,在每个方框中的数是这个方框所对应的策略组合的收益函数,其中博弈方 A 的收益列在前面,博弈方 B 的收益列在后面。

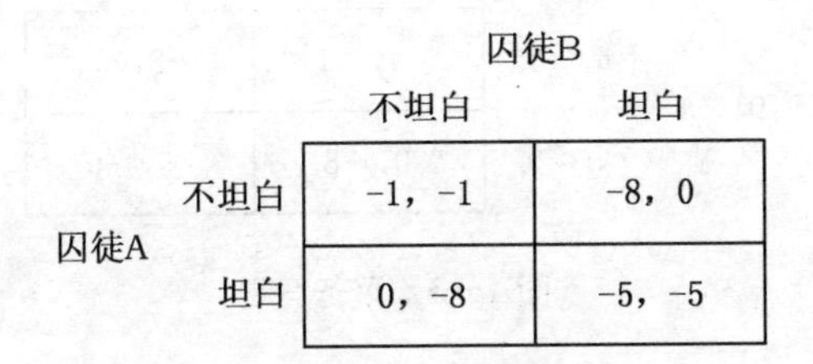

		囚徒B	
		不坦白	坦白
囚徒A	不坦白	-1, -1	-8, 0
	坦白	0, -8	-5, -5

图 1—2　囚徒困境

囚徒 A 独自在房间里思考:如果囚徒 B 选择不坦白,在第一列表格中,竖着比较前面 A 的收益,坦白的收益为 0,大于不坦白的收益为－1,坦白是 A 的上策;如果囚徒 B 选择坦白,在第二列表格中,竖着比较前面 A 的得益,坦白的收益为－5,大于不坦白的收益为－8,坦白还是 A 的上策。无论 B 选择哪个策略,A 的选择是唯一的,坦白是上策。

同理,囚徒 B 在另一个房间的思考结论是一样的,坦白是 B 的上策。博弈的结果是两个博弈方同时选择坦白的策略,都被判 5 年。观察这个结果,是从每个人的利益出发,选出的最优策略。但是,无论从每个博弈方个体来看,还是从他们总体来看,这个结果都不是最好的,可以说是最差的。这个结局是必然的稳定解,称为"囚徒困境"。这个博弈揭示了个体理性与集体理性的矛盾。"囚徒的两难选择"有着广泛而深刻的意义。个人理性与集体理性的冲突中,各人追求利己行为而导致的最终结局是一个"纳什均衡",也是对所有人都不利的结局。

囚徒困境是博弈论中经典、著名的博弈,可以扩展到许多经济问题,以及各种社会问题,可以揭示市场经济的根本缺陷。

一座城市,她的容量是有限度的,当无限地要求她时,她会疲惫、会衰老、会愤怒。上海的交通拥挤,生活成本的提高,都是囚徒困境的表现。来上海工作十几年,笔者见证房价的飞涨和交通的拥堵。房子越建越多,仍然跟不上需求,房价像脱缰的野马;地铁贯穿城市,方便快捷,像广告做的那样,想去哪里转眼就到。可是不要说高峰期,就是一般时段,也很少有座位。笔者带过的十几届研究生,没有一个是上海籍生员,但几乎都留在上海工作，而且发展得都很好。

经济领域中，商业竞争，商家竞相降价；如果某一领域商机显露端倪，那么一窝蜂地跟进；中国儿童教育的火热，课外辅导学校、各种教育机构的火爆，不能让孩了输在起跑线上，于是周末家长不能休息，穿梭于不同的教学点，孩子不能休息，疲于奔命地学习不同的特长……这些都是囚徒困境的体现。

军备竞赛可以建模为“囚徒困境”。假设每个国家可以建立核弹军备库，或者采取核军备控制。同时，假设每个国家最好的结果是自己拥有核弹头而其他国家没有；其次，是没有一个国家拥有任何核弹；再次，是两个国家都拥有核弹（关键是相对力量，并且核弹的造价很昂贵）；最差的结果是其他国家拥有核弹，而自己没有。通过“囚徒困境”来建模，其中行动“不造核弹”对应于图 1－2 中的“不坦白”，而行动“造核弹”对应于图 1－2 中的“坦白”，如图 1－3 所示：

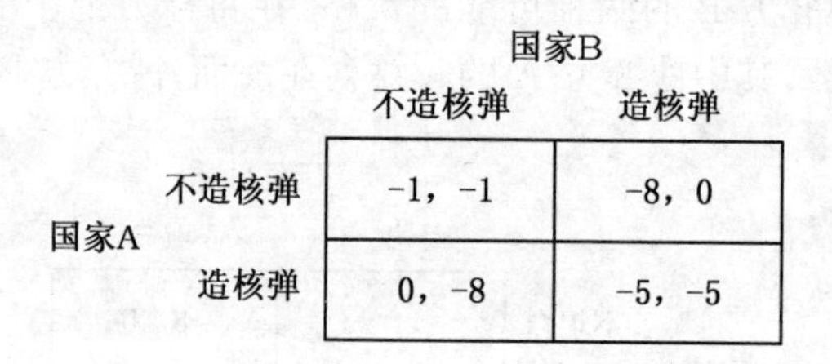

		国家B 不造核弹	国家B 造核弹
国家A	不造核弹	-1，-1	-8，0
	造核弹	0，-8	-5，-5

图 1－3 军备竞赛

(二)双寡头削价模型

市场竞争中典型的囚徒困境是双寡头削价模型。通过降价来争夺市场，达到可能的最高利润。这个博弈的结果是双方都选择降价，策略组合（低价，低价）是纳什均衡，如图 1－4所示：

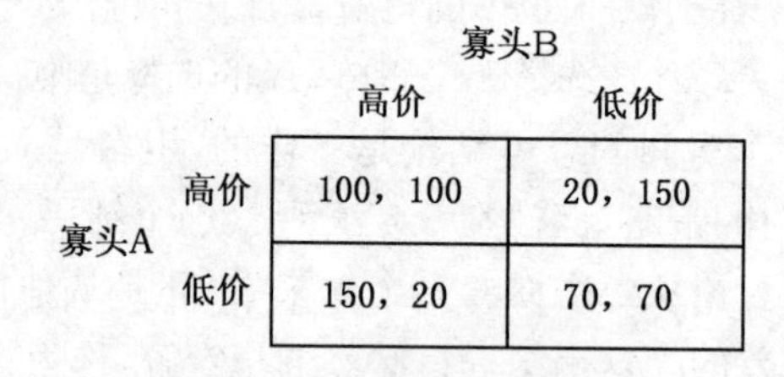

		寡头B 高价	寡头B 低价
寡头A	高价	100，100	20，150
	低价	150，20	70，70

图 1－4 双寡头降价竞争

“纳什均衡”首先对亚当·斯密的“看不见的手”的原理提出挑战。按照斯密的理论，在市场经济中，每一个人都从利己的目的出发，而最终全社会达到利他的效果。他在《国富论》中说：“通过追求（个人的）自身利益，他常常会比其实际上想做的那样更有效地促进社会利益。”从“纳什均衡”中，我们引出了“看不见的手”原理的一个悖论：从利己目的出发，结果损人不利己，既不利己也不利他人。两个囚徒的命运就是如此。从这个意义上说，“纳什均衡”提出的悖论实际上动摇了西方经济学的基石。研究囚徒困境的意义，在于利用这种困境达到有利于社会的目的，明确政府在经济活动中的组织协调工作的必要性，避免囚徒困境。

二、零和模型

零和博弈的特点是博弈双方的得益和为零，具有对称性，有对赌的意义，我国台湾地区至今把博弈称为赛局。赌胜博弈一般来源于游戏，也是博弈的本质所在。这里介绍几个典型的零和博弈。

(一)齐威王和田忌赛马

战国时期，齐威王要大将田忌与他赛马。每个人有三匹马，按实力分为上、中、下。齐威王的上、中、下三匹马从实力上看都比田忌的要好。规则是每次三匹马出场，每场一对一进行比赛。获胜方得益是赢得1千斤铜，输方支付1千斤铜给获胜方。由于每次上、中、下马的出场顺序相同，田忌每次比赛都要输掉3千斤铜。故事到这，不过是田忌陪齐威王开心。田忌每次比赛都很郁闷，一直输是会影响情绪的。

谋士孙膑给田忌出了个主意，改变了田忌的窘境：齐威王出上马时，我们出下马；他出中马时，我们出上马；他出下马时，我们出中马。田忌输了第一场，赢了后两场，最后结果赢了1千斤铜。

齐威王很纳闷，自己同样的三匹马，同样的顺序，今天怎么输了1千斤铜？对手的策略影响你的结果，博弈中策略的依存关系在这里得到了充分的体现。

博弈方改变了出场顺序，结果就变幻莫测。三匹马的出场顺序可以有6种情况，齐威王和田忌各有6个策略，随机的选择策略并实施，就有36种可能的策略组合，设定每赢一场的得益为1，表示1千斤铜，输一场的得益为－1。博弈方为齐威王和田忌，每人有6种可选择的策略，36种策略组合下的相应得益，每个格子前面的数值为齐威王的得益，后面的为田忌的得益。用博弈矩阵表示，如图1－5所示。

齐威王 \ 田忌	上中下	上下中	中上下	中下上	下上中	下中上
上中下	3, -3	1, -1	1, -1	1, -1	-1, 1	1, -1
上下中	1, -1	3, -3	1, -1	1, -1	1, -1	-1, 1
中上下	1, -1	-1, 1	3, -3	1, -1	1, -1	1, -1
中下上	-1, 1	1, -1	1, -1	3, -3	1, -1	1, -1
下上中	1, -1	1, -1	1, -1	-1, 1	3, -3	1, -1
下中上	1, -1	1, -1	-1, 1	1, -1	1, -1	3, -3

图1－5　齐威王和田忌赛马

6个可选策略之间是没有优劣的，只有和对方的策略组合相互依存才体现出策略的好坏。取胜的关键在于不让对方猜到自己策略，尽可能猜出对方策略。这个博弈进行一次，结果可能是36种中的任何一种情况。如果进行多次，属于混合博弈研究的情况。

(二)匹配硬币

两个人通过猜硬币的正反面来赌输赢。一人掷硬币，另一人猜是硬币的正面朝上还是反面朝上。若猜对，掷硬币方输掉1千元，用－1表示，猜硬币方赢得1千元，用1表示；反之亦然。这个情形的策略型博弈矩阵如图1－6所示。

在这个博弈中，博弈方的利益正好相反(这样的博弈称为“严格竞争性的”)：掷硬币方想采取与猜硬币方相反的行动，猜硬币方则想采取同样的行动。

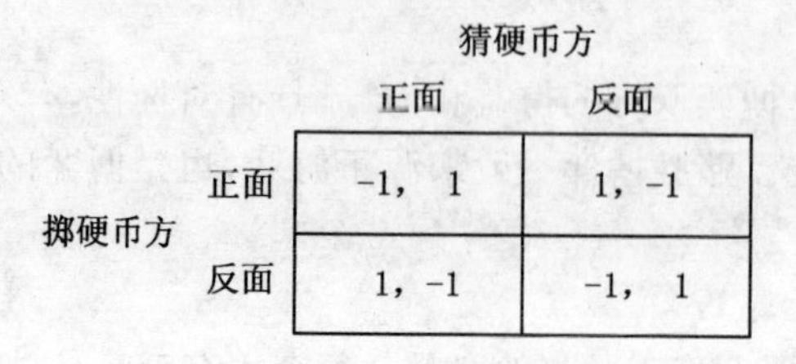

掷硬币方 \ 猜硬币方	正面	反面
正面	-1，1	1，-1
反面	1，-1	-1，1

图 1－6　匹配硬币

在一定规模的市场中，老厂商与新厂商关于新产品外观的选择可以用这个博弈来解释。假定每家厂商可以在产品的两种不同外观中选择一种。老厂商希望新来者的产品看上去与自己的不同（避免它的顾客被吸引去买新来者的产品），而新来者则希望产品看上去相似。或者，这个博弈可以模拟两人之间的关系，其中一个人想与另一个人一样，而另一个人则希望不同。

三、猎鹿问题

回过头来看前面的猎鹿问题，建立策略型博弈的三要素是：

博弈方：猎人 A 和猎人 B。

策略：每个猎人的策略集合{猎鹿，猎兔}。

得益：对应于每一个策略组合，每个猎人有一个相应的收益，对应的 4 种策略组合有 4 种可能的结果。假设两个猎人猎到鹿，收益用 4 表示，分给每人 2；一只兔子的收益用 1 表示。博弈矩阵如图 1－7(a)所示。

猎人 A \ 猎人 B	猎鹿	猎兔
猎鹿	2,2	0,1
猎兔	1,0	1,1

图 1－7(a)　猎鹿问题

国家 A \ 国家 B	禁止	装备
禁止	3,3	0,2
装备	2,0	1,1

图 1－7(b)　国家问题

图 1－7(b)是两人“猎鹿问题”的变体。该例已经作为“囚徒困境”的另一个例子“军备竞赛”模型提出，是两个国家面对的“安全困境”模型。这个博弈与“囚徒困境”的不同之处在于，每个国家都更希望别的国家军备控制，而自己可以单独武装；如果另一个国家军备控制的话，那么武装自己的花费就超过了收益。

第二章

策略型博弈与纳什均衡

完全信息静态博弈属于非合作博弈最基本的类型。本章接下来介绍完全信息静态博弈的一般分析方法、各种经典模型及其应用等。

第一节　上策均衡

设想这样的一种情况：在某个博弈中，如果不论其他博弈方选择怎样的策略，一个博弈方的某个策略给其带来的得益始终高于其他策略，或者至少不低于其他策略，那么理性的博弈方一定会选择这个策略。这样的策略称为优势策略(dominant strategy)，简称为上策。

优势策略有整体的严格优势策略(strictly dominant strategy)和弱优势策略(weakly dominant strategy)之分。所谓的严格优势策略，是指无论其他博弈方选择什么策略，这个博弈方的某个策略给其带来的得益始终高于其他的策略，至少不低于其他策略的策略。例如，囚徒的困境中的“坦白”就是上策。弱优势策略将在后面讨论。

如果一个博弈中的某个策略组合是由所有博弈方的严格优势策略组成，这个策略组合就是该博弈的稳定结果，称为“严格优势策略均衡”，简称为“上策均衡”。例如，囚徒的困境中的策略组合{坦白，坦白}，就是上策均衡，因为“坦白”对于两个博弈方来讲都是上策。

上策均衡是所有博弈方的绝对偏好，因此非常稳定，由上策均衡可以对博弈结果作出最确定的预测。一般进行博弈分析时，首先要考虑的是博弈方是否有上策、是否存在上策均衡。如果找到了上策均衡，博弈分析就得到了明确的结果。

问题是，每个博弈方都能偏好上策的情况很少，一般情况是所有博弈方都没有上策，上策均衡不是普遍存在的。这种现象恰好是博弈理论的价值所在。如果上策均衡普遍存在，博弈问题与一般的个人最优化问题就没有什么本质区别，博弈也就没有什么特殊的理论意义。

在不存在严格优势策略的情况下，相对较好的选择是，不论其他博弈方选择什么策略，该博弈方选择的某个策略给其带来的得益不低于其可以选择的任何其他策略。通常把具有这种性质的策略称为这个博弈方的*弱优势策略*。

在图 2－1 所表示的博弈中，博弈方 1 的策略“上”就是一个弱优势策略。观察博弈方 2 的策略“右”，当其选择“右”时，博弈方 1 选择策略“上”的得益并不高于选择策略“下”的得益。

		博弈方2		
		左	中	右
	上	4，12	3，10	2，12
博弈方1	中	0，12	2，11	1，11
	下	3，12	1，8	2，13

图 2－1　弱优势策略

在每个博弈方都有上策均衡的情况下，上策均衡是一个非常合理的预测，但在大多数博弈中，上策均衡是不存在的。由于上策均衡在博弈分析中的局限性，需要发展更有效的博弈分析方法。为了解决更多的问题，必须寻找和发展博弈的分析方法。

第二节　累次严优

下面以“智猪博弈”为例来阐述这种博弈分析方法的思维。

这个博弈例子讲的是，猪圈里面有两头猪，一头大猪，一头小猪，猪圈的一侧有一个猪食槽，另一侧安装着一个按钮，控制着猪食的供应。按一下按钮，8 个单位的猪食进槽，但需要付出 2 个单位的成本。若大猪先到，大猪吃到 7 个单位，小猪只能吃到 1 个单位；若小猪先到，大猪和小猪各吃到 4 个单位；若两头猪同时到，大猪吃到 5 个单位，小猪吃到 3 个单位。这里每头猪都有两种策略：按按钮或等待。假设大猪和小猪都是理性的、有智慧的；它们要自己去按按钮获得食物；奔跑的速度相同。

根据题目给出的条件，建立博弈模型。

博弈方：大猪，小猪。

策略：大猪和小猪都有两个策略可选，{按，等待}。

得益：谁去按要晚到，并且付出 2 个单位的成本。

按照案例，得出如下的博弈矩阵，如图 2－2 所示：

		小猪	
		按	等待
大猪	按	3，1	2，4
	等待	7，-1	0，0

图 2－2　智猪博弈(甲)

怎样寻找这个博弈的均衡解呢？

先来分析大猪的策略选择情况：小猪选择“按”时，用竖向比较格子里左侧得益的方法，“等待”是大猪相对好的策略；小猪选择“等待”时，“按”是大猪相对好的策略；大猪策略的好坏完全依赖小猪的策略选择，大猪没有严格优势策略。

接下来，分析小猪的策略选择情况：当大猪选择“按”时，用横向比较格子里右侧得益的方法，“等待”是小猪相对好的策略；当大猪选择“等待”时，“等待”也是小猪的相对好的策略；无论大猪选择什么策略，“等待”都是小猪最好的策略，所以小猪存在严格优势策略——等待。

假定小猪是理性的，小猪肯定不会选择“按”的策略，因为不论大猪选择什么策略，对小猪来说，“等待”严格优于“按”，因而理性的小猪会选择“等待”。再假定大猪知道小猪是理性的，那么，大猪会正确地预测到小猪会选择“等待”；给定这个预测，大猪只能选择策略“按”。这样，{按，等待}这个策略组合是这个博弈唯一的纳什均衡，即大猪选择“按”，小猪选择“等待”，得益分别为 2 个和 4 个单位。这是一个“多劳不多得，少劳不少得”的均衡。

如果在一个博弈中，不管其他的博弈方的策略如何变化，一个博弈方的某个策略给其带来的得益，总是相对于其他某些策略（不必是全部）给他带来的得益要小，该“策略”称为相对于“其他某些策略”的*严格劣势策略*（strictly dominated strategy），简称为“严格下策”。

我们在分析一个博弈方的决策行为时，首先找出某个博弈方的严格下策（假定存在），把这个策略消去，重新构造一个新的博弈；然后，再消去这个新的博弈中的某个博弈方的严格下策；继续这个过程，一直到只剩下唯一的策略组合为止。这个唯一剩下的策略组合就是这个博弈的均衡解。这种分析方法称为“*累次严优*”，也称为“*严格下策反复消去法*”。

将小猪“按”的策略消去，得到如图 2—3 所示的结果：

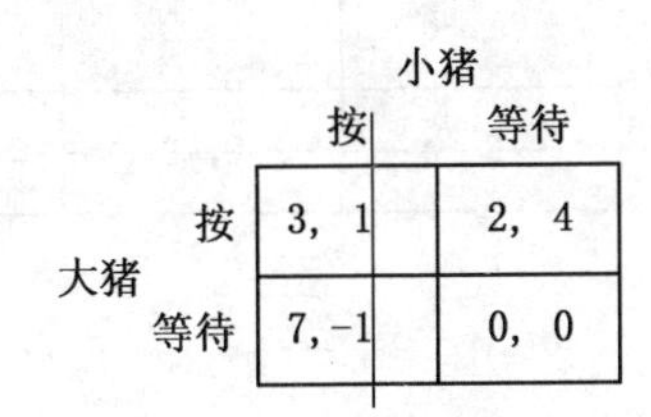

大猪 \ 小猪	按	等待
按	3, 1	2, 4
等待	7, -1	0, 0

图 2—3　智猪博弈(乙)

现在小猪已经确定了策略选择，大猪只好选择“按”，它若选择“等待”，只有挨饿了。消去“等待”，得到“智猪博弈”的纳什均衡，策略组合{按，等待}是这个博弈的均衡解，也是稳定解，如图 2—4 所示：

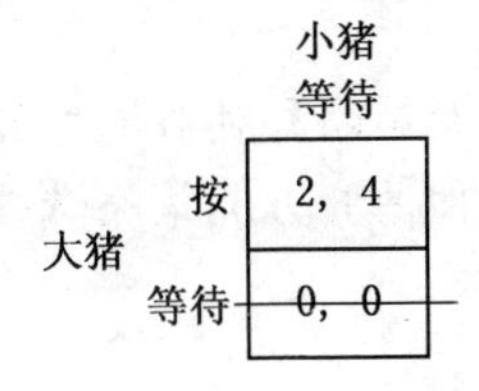

大猪 \ 小猪	等待
按	2, 4
等待	0, 0

图 2—4　智猪博弈(丙)

对于如图 2－5 所描述的一个抽象博弈，不存在上策均衡。分析博弈方 1 的策略，“上”策略和“下”策略都不是严格占优的优势策略。再来分析博弈方 2 的三个策略，横向比较右侧的得益，“左”和“中”比较，“左”和“右”比较，没有严格优势策略；“中”和“右”比较，“中”策略严格优于“右”策略，“右”策略是博弈方 2 的严格下策。

		博弈方2		
		左	中	右
博弈方1	上	1，0	1，3	0，1
	下	0，4	0，2	2，0

图 2－5

应用严格下策反复消去法，消去博弈方 2 的“右”策略以后，得到新的博弈：博弈方 1 有“上”和“下”两个策略，博弈方 2 只有“左”和“中”两个策略。这时博弈方 1 的“下”策略变成了严格下策，消去“下”策略后，得到并列的“左”和“中”两个策略，3 大于 0，“左”策略是严格下策，消去“左”策略。运用严格下策反复消去法的消去过程如图 2－6 所示，先消去“右”策略，再消去“下”策略，最后消去“左”策略，消去用三条消去线表示。找到策略组合{上，中}是这个博弈的纳什均衡。这个均衡解是运用反复下策消去法得到的，但是它不是上策均衡，因为“上”策略不是博弈方 1 的严格优势策略，“中”也不是博弈方 2 的严格优势策略。

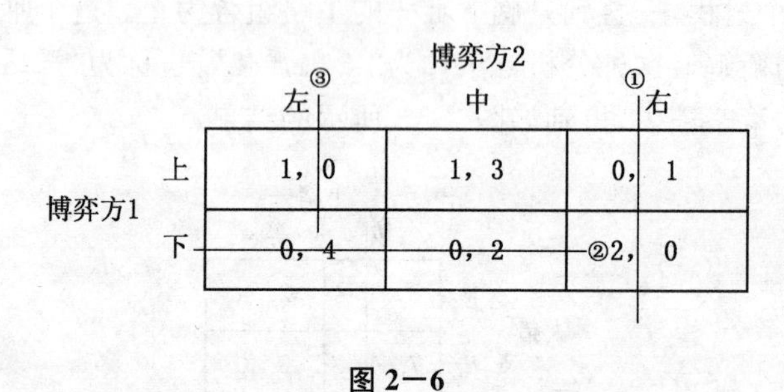

		博弈方2		
		左	中	右
博弈方1	上	1，0	1，3	0，1
	下	0，4	0，2	2，0

图 2－6

“累次严优”方法在适用范围比“上策均衡”方法要宽泛一些，是标准的博弈分析方法之一。但需要注意的是，在许多博弈问题中，严格下策并不一定总是存在，这样一来，“累次严优”也是有局限性的。例如，齐威王和田忌赛马、硬币匹配博弈，没有严格下策，就不能运用“累次严优”方法进行分析。这种方法不适用的原因是，博弈问题中，策略的依存关系是博弈的特征，每个博弈方的策略集中的策略之间不是绝对的优劣关系，而是相对的、有条件的优劣关系。

从相对的优劣情况出发，在具有策略和利益依存关系的博弈问题中，博弈方的得益不仅与自己的策略选择有关，也与其他博弈方的策略选择息息相关。如何在相对优劣的情况下，寻找更一般的博弈分析方法？

第三节　划线方法

当博弈中的博弈方的不同策略之间不存在整体严格的优劣关系时,必须寻找更普遍适用的博弈分析方法。我们要关注不同策略之间的相对优劣关系。从观察分析图2—5的博弈入手。

在这个博弈中,两个博弈方都没有严格的优势策略。但是,对于博弈方1来说,如果博弈方2选择策略"左",竖向比较左侧的得益,则博弈方1的策略"上"就是相对博弈方2的"左"策略的一个相对优势策略;如果博弈方2选择"右"策略时,博弈方1的"下"策略又变成了相对于博弈方2的"右"策略的相对优势策略。

同样,对于博弈方2来说,如果博弈方1选择"上"时,横向比较右侧的得益,"中"策略就是相对博弈方1的"上"策略的一个相对优势策略,因为在这种情况下,博弈方2选择"中"策略比选择"左"策略和选择"右"策略的得益都好。

这与前面介绍的"上策均衡"和"累次严优"有很大的不同,称为博弈方的相对优势策略(relatively dominant strategy),是在对方选定某个具体策略的情况下,自己的最优策略。这个优劣有相对性,是相对于对方的具体策略选择而随之变化的。

博弈方针对其他博弈方的每种策略(有多个其他博弈方时,则是他们的每种策略组合),找出自己的最佳对策,即自己所有的可选策略中与其他博弈方的该种策略或策略组合配合,使自己得益最大的一种策略(有时可能有几种)。在相应的得益下划一条短线。

在每一个博弈方针对对方每一个策略的最大可能得益下划一条短线,以求解博弈的方法我们称为"划线法"(method of underling relatively dominant strategies)。

双方的相对优势策略都这样划线以后,如果那个格子里面的两个数字下面都划了短线,这个格子对应的(相对优势)策略组合,就是一个纳什均衡。

划线法的依据是博弈原理是理性行为和相互依存。如何使自己的得益尽可能多?由于博弈方的得益不仅取决于自己所选择的策略,还必须看其他博弈方选择的是什么策略,因此,每个博弈方在决策时必须考虑到其他博弈方的存在及其反应,这一点也正是博弈的根本特征。因为这种最佳对策是相比较而产生的,因此总是存在的。

将划线法应用于图2—5,先来标示博弈方1的相对优势策略:当博弈方2选择"左"策略时,博弈方1的"上"策略是相对于博弈方2的"左"策略的相对优势策略,在表示这个策略组合{上,左}的格子中的博弈方1的得益1下面划线;同理,在策略组合{上,中}的格子中博弈方1的得益1下面划线;在策略组合{下,右}的格子中博弈方1的得益2下面划线。博弈方1的相对优势策略的位置都标示完毕。

再来标示博弈方2的相对优势策略:当博弈方1选择"上"策略时,横向比较"左"、"中"、"右"三个策略的得益,3大于0,3大于1,在策略组合{上,中}的格子中博弈方2的得益3下面划线;当博弈方1选择"下"策略时,横向比较"左"、"中"、"右"三个策略,4大于2,4大于0,在策略组合{下,左}的格子中的博弈方2的得益4下面划线。

博弈的相对优势策略位置如图2—7所示,策略组合{上,中}格子中的两个数字下面都划了短线,这个格子对应的(相对优势)策略组合就是由划线法得到的纳什均衡。

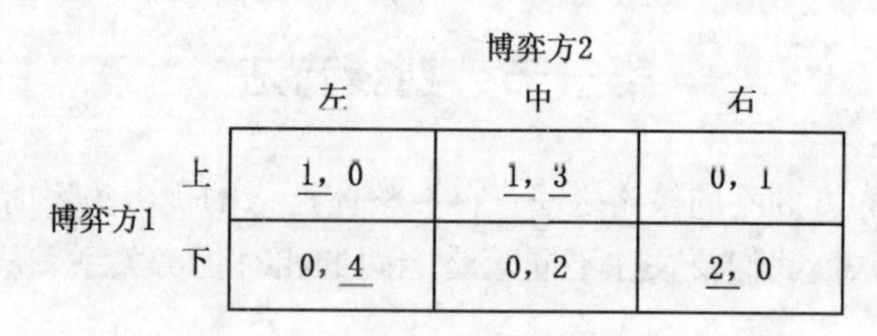

		博弈方2		
		左	中	右
博弈方1	上	1, 0	1, 3	0, 1
	下	0, 4	0, 2	2, 0

图 2—7 划线法

第四节 箭头方法

还有一种寻找纳什均衡的方法，与划线法的分析理念的出发点不同，这种方法的思路是对博弈中的每个策略组合进行分析，判断各博弈方是否能够通过单独改变自己的策略而改善自己的得益，如果可以，则从所考察的策略组合的得益引一个箭头到改变策略后的策略组合对应的得益。这样对每个可能的策略组合都分析考察过以后，根据箭头反映的情况来判断博弈的结果。

一个箭头就可以形象地把博弈方的“理性人”本质表示出来，从策略选择的改变带来得益的增加。博弈矩阵中没有箭头指出的格子所代表的策略组合，表示每个博弈方都没有单独改变策略选择的倾向，这个策略组合就是纳什均衡。

这种通过反映各博弈方选择策略倾向的箭头寻找稳定性的策略组合求解博弈的方法称为箭头指向法(method arrow-pointing)，简称为“箭头法”。

我们仍以图 2—5 表示的博弈为例，运用箭头指向法。

从策略组合{下，左}开始，竖向比较左侧的得益，博弈方 1 的得益从 0 到 1，是增加的，所以博弈方 1 有从策略“下”向策略“上”改变的倾向，用一个竖向的箭头表示这个倾向；横向比较右侧的得益，4 比 2 大，4 比 0 大，博弈方 2 没有改变的动力。在策略组合{上，左}中，横向比较右侧，分析博弈方 2 的得益，3 比 0 大，1 比 0 大，所以博弈方 2 有从策略“左”向策略“中”和策略“右”改变的倾向，用两个横向的箭头表示这两个改变的倾向。在策略组合{上，中}中，竖向比较左侧的得益，还是横向比较右侧的得益，博弈方 1 和博弈方 2 都没有改变的倾向。在策略组合{上，右}中，竖向比较左侧，2 比 0 大，博弈方 1 有从策略“上”向策略“下”改变的倾向，用一个竖向的箭头表示这个倾向；横向比较右侧，3 比 1 大，博弈方 2 有从策略“右”向策略“中”改变的倾向，用一个横向的箭头表示这个倾向。在策略组合{下，右}中，横向比较右侧，分析博弈方 2 的得益，2 比 0 大，4 比 0 大，所以博弈方 2 有从策略“右”向策略“中”和策略“左”改变的倾向，用两个横向的箭头表示这两个改变的倾向。在策略组合{下，中}中，分析博弈方 1 的得益，1 比 0 大，博弈方 1 有从策略“下”向策略“上”改变的倾向，用一个竖向的箭头表示这个倾向。这样把所有的策略组合的情况都分析了之后，这些箭头的指向如图 2—8 所示。

观察图 2—8，在策略组合{上，中}中只有指向的箭头，没有箭头指出的格子所代表的就是纳什均衡。

细心的读者会发现，图 2—5 表示的博弈，用“累次严优”方法、划线方法、箭头方法得

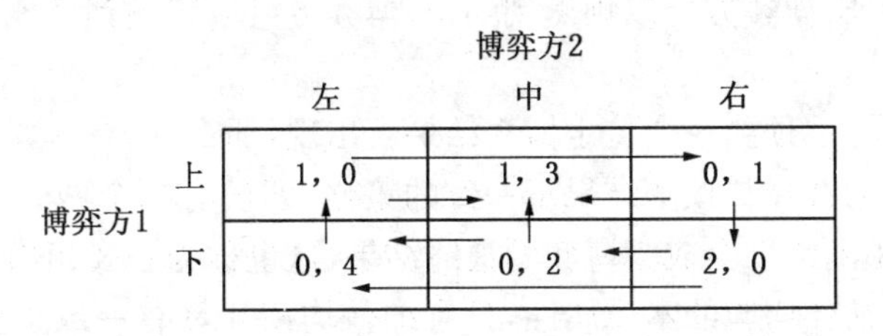

图 2—8　箭头法

到的纳什均衡是一样的，为什么呢？

第五节　纳什均衡

前面在探讨各种求解博弈方法，其实就是在寻找一个稳定的策略组合，这个策略组合有一个特点，每个博弈方的策略选择，都是相对于其他博弈方的最优的策略选择。各博弈方都不愿或不会单独改变自己策略的策略组合，只要这种策略组合存在且是唯一的，博弈就有绝对确定的解。这种各博弈方都不愿单独改变策略的策略组合就是博弈论中最重要的一个概念——纳什均衡(Nash equilibrium)。

为了给出纳什均衡的正式定义，我们先要对博弈的三要素给出博弈的数学符号表示。

在一个有 n 个博弈方参加的博弈中，每个博弈方的所有可以选择的策略的集合称为策略集合，用 $S_1,\cdots,S_n$ 表示，博弈方 i 的第 j 个策略用 $S_{ij}\in S_i$ 表示，每个博弈方的得益用 $u_1,u_2,\cdots,u_n$ 表示，u_i 是第 i 个博弈方的得益，是定义在各博弈方策略 $S_1\times S_2\times\cdots\times S_n$ 上的多元函数，我们把这个有 n 个博弈方参与的博弈用 G 表示，记为 $G=\{S_1,S_2,\cdots,S_n;u_1,u_2,\cdots,u_n\}$。这种表述方法称为博弈的策略型表述(strategy-form representation) 或正规型表述(normal-form representation)。

当 j 为有限值时，也就是博弈方的策略是有限个时，称为有限博弈(finite games)，当 j 为无限值时，即博弈方的策略是无限个时，称为无限博弈(infinite games)。

定义 2.1　在博弈 $G=\{S_1,S_2,\cdots,S_n;u_1,u_2,\cdots,u_n\}$ 中，如果由各个博弈方的各一个策略组成的某个策略组合 $\{s_1^*,\cdots,s_n^*\}$ 中，任一博弈方 i 的策略 S_i^*，都是对其余博弈方策略的组合 $(s_1^*,\cdots,s_{i-1}^*,s_{i+1}^*,\cdots,s_n^*)$ 的最佳策略，即：

$$u_i(s_1^*,\cdots,s_{i-1}^*,s_i^*,s_{i+1}^*,\cdots,s_n^*)\geqslant u_i(s_1^*,\cdots,s_{i-1}^*,s_{ij},s_{i+1}^*,\cdots,s_n^*)$$

对任意 $s_{ij}\in S_i$ 都成立，则称 $\{s_1^*,\cdots,s_n^*\}$ 为这个博弈 G 的一个"纳什均衡"。

其中，$(s_1^*,\cdots,s_{i-1}^*,s_{i+1}^*,\cdots,s_n^*)$ 可以简洁地表示为 s_{-i}^*，我们在集中讨论某个博弈方 i 时，把其他所有博弈方的信息统一当成一个集约的博弈方 $-i$ 来处理，这样：

$$u_i(s_1^*,\cdots,s_{i-1}^*,s_{i+1}^*,\cdots,s_n^*)\geqslant u_i(s_1^*,\cdots,s_{i-1}^*,s_{ij},s_{i+1}^*,\cdots,s_n^*)$$

可以简洁地记为：

$$u_i(s_i^*,s_{-i}^*)\geqslant u_i(s_{ij},s_{-i}^*)$$

其实，纳什均衡是各个博弈方达到稳定的结果，稳定解的本质就是僵局。在现实生活中，很多问题涉及稳定。社会稳定、和谐，就是纳什均衡。一种社会制度的存在，首先需要纳什均衡。社会不稳定，人心浮动，怎么能发展？社会安定和谐，是全社会的希望。

纳什均衡的特征:博弈方可以预测到均衡,博弈方可以预测到其他博弈方都预测到的均衡,等等。

如果所有博弈方都预测一个特定博弈结果会出现,那么,所有博弈方都不会利用该预测或者这种预测能力选择与预测结果不一致的策略,即没有哪个博弈方有偏离这个预测结果的愿望,因此预测结果会成为博弈的最终结果,这也称为一致预测。

一致预测性是纳什均衡的本质属性,只有纳什均衡才具有一致预测的性质。一致预测并不意味着一定能准确预测,因为有些博弈没有纳什均衡,还有的存在多重均衡,预测不一致可能存在。例如,"匹配硬币"没有纳什均衡,而"猎鹿博弈"则有两个纳什均衡。一致性预测,并不意味着纳什均衡一定是一个好的预测,如"囚徒困境"博弈。

接下来,我们回过来分析前面讨论的各种求解纳什均衡的方法和纳什均衡之间的关系。

上策均衡一定是纳什均衡,但纳什均衡不一定是上策均衡。"上策均衡"是更强的稳定均衡概念;划线方法和箭头方法是在博弈矩阵中寻找纳什均衡;"累次严优"和纳什均衡的关系怎样?

命题 2.1 在 n 个博弈方的博弈 $G=\{S_1,S_2,\cdots,S_n;u_1,u_2,\cdots,u_n\}$ 中,如果应用累次严优(严格下策反复消去法)排除了除 $(s_1^*,\cdots,s_n^*)$ 之外的所有策略组合,那么 $(s_1^*,\cdots,s_n^*)$ 一定是该博弈的唯一的纳什均衡。

命题 2.2 在 n 个博弈方的博弈 $G=\{S_1,S_2,\cdots,S_n;u_1,u_2,\cdots,u_n\}$ 中,如果 $(s_1^*,\cdots,s_n^*)$ 是 G 的一个纳什均衡,那么累次严优(严格下策反复消去法)一定不会将它消去。

上述两个命题保证在进行纳什均衡分析之前先通过严格下策反复消去法简化博弈是可行的。

第六节　反应函数

前面介绍的博弈策略都是有限的,所以研究的都是有限博弈。对于策略集是无限的情况,前面介绍的累次严优、划线方法、箭头方法都不适用,怎样来求解策略为无限博弈的纳什均衡?

如果博弈的三要素中,策略集合是实数域上的开区间,得益函数是可微分的多元函数,我们可以运用微分方法来求解纳什均衡。

微积分知识告诉我们,可微函数有极值的必要条件是函数的偏导数为零。纳什均衡就是在给定其他博弈方的策略选择的情况下,博弈方的策略选择原则是要尽可能使自己的得益函数达到最大值。这样就可以运用微积分的知识来求解纳什均衡。

下面介绍几个经典模型,这几个博弈模型不仅策略是无限的,而且是纳什均衡在经济学上运用的典范。

一、古诺双寡头竞争模型(Cournot Duopoly Competition Model)

这个模型是 18 世纪法国著名的数学家奥古斯丁·古诺建立的,他得到这个模型的博弈解比纳什提出纳什均衡早一百年。模型分析了两个生产完全相同商品的厂商,在市场竞争中如何决定各自的产量,以实现各自利润的最大化。古诺模型揭示了市场竞争的本质，经济学中一般将这个模型作为产业组织理论的一块里程碑。

以两个厂商连续产量的古诺模型为例，讨论无限策略博弈的纳什均衡分析方法。

假设在市场中，有两个厂商生产相同的产品，共同占有这种产品的市场。厂商1的产量为 q_1，厂商2的产量为 q_2，市场总产量为 $Q=q_1+q_2$。

设市场的出清价格为 P，市场的需求曲线为 $Q=a-P$，价格 P 越高，市场对产品的需求量 q 就越小，a 为正常数。当总供应量是 Q 时，垄断市场的价格是 $P=a-Q$，经济学上一般称为反需求函数，表示为 $P=P(Q)=a-Q$，再假设两个企业的总成本分别为 cq_i。

这个博弈的三要素表示如下：

博弈方：厂商1和厂商2。

策略集：每个厂商可以选择的产量，$(0,\infty)$。

得益函数：厂商 i 的利润函数，$u_i=q_iP(Q)-cq_i$。

接下来，两个厂商面临的问题就是如何确定自己的产量，以获得自己的利润最大化。我们运用微积分的知识来求解纳什均衡。

厂商1的利润函数：

$$\begin{aligned}u_1&=q_1P(Q)-cq_1\\&=q_1[a-(q_1+q_2)]-cq_1\\&=-q_1^2+(-q_2+a-c)q_1\end{aligned}$$

厂商2的利润函数：

$$\begin{aligned}u_2&=q_2P(Q)-cq_2\\&=q_2[a-(q_1+q_2)]-cq_2\\&=-q_2^2+(-q_1+a-c)q_2\end{aligned}$$

根据纳什均衡的必要条件，策略组合 (q_1^*,q_2^*) 是纳什均衡必须满足方程组：

$$\begin{cases}\dfrac{\partial u_1}{\partial q_1}=-2q_1-q_2+a-c=0\\[2ex]\dfrac{\partial u_2}{\partial q_2}=-q_1-2q_2+a-c=0\end{cases}$$

的解，方程组的唯一解为：

$$\begin{cases}q_1^*=\dfrac{a-c}{3}\\[2ex]q_2^*=\dfrac{a-c}{3}\end{cases}$$

计算二阶导数，都小于零，所以策略组合 (q_1^*,q_2^*) 是古诺模型的纳什均衡。

如果考虑两个厂商合作的情况，从总体利益最大化出发，总收益增大、总产量减少。产量博弈的古诺模型本质上是一种“囚徒困境”，无法实现各博弈方的最大利益，现实经济活动中有很多问题可以归结为古诺模型。例如，国际石油输出国组织的限额和突破问题、我国房地产开发中存在的问题。这类博弈问题解释了自由竞争的经济中存在着低效率问题，警示我们对于市场的管理，适当的政府调控和监管是必要的。

前面的求解过程中，导数为零后，求出如下关系式：

$$q_1=R_1(q_2)=\frac{-q_2+a-c}{2}$$

这是对于厂商 2 的每一个可能产量，厂商 1 的最佳产量的计算公式，它是关于厂商 2 策略的一个连续函数，称为厂商 1 对厂商 2 的一个“反应函数”(reaction function)。

同理，可以求得厂商 2 的反应函数：

$$q_2=R_2(q_1)=\frac{-q_1+a-c}{2}$$

这两个反应函数是连续的线性函数，可以用直角坐标系中的两条直线表示，两直线的交点就是纳什均衡，如图 2－9 所示：

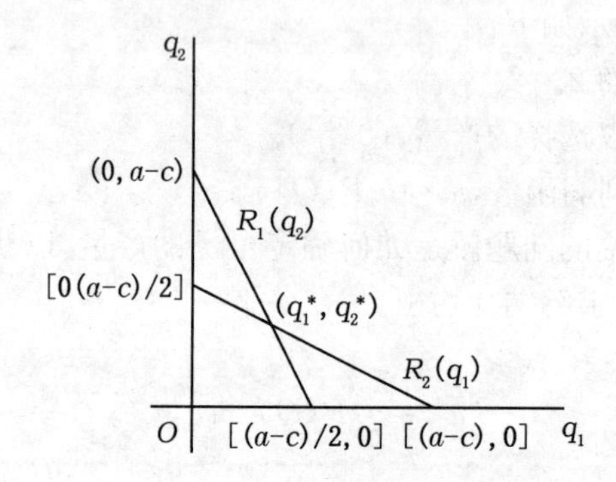

图 2－9　古诺模型的反应函数

当得益函数是策略的多元函数，并且可以求得每个博弈方关于其他博弈方策略的反应函数，反应函数的交点就是纳什均衡。利用反应函数求解博弈的纳什均衡的方法称为“反应函数法”。

反应函数法的概念和思路可以应用到一般的无限多种策略博弈求解中，使得这些博弈问题的解法简洁明了。

二、伯川德寡头竞争模型(Bertrand Duopoly Competition Model)

伯川德 1883 年提出了另一种形式的寡头竞争模型。与古诺模型以产量为策略不同的是，伯川德模型中厂商所选择的是价格而不是产量。厂商通过选择商品价格进行市场竞争。接下来，用反应函数法对伯川德模型进行博弈分析。

考虑比较简单的两寡头，且产品有一定差别的伯川德价格博弈。产品有一定差别是指两个厂商的产品在品牌、质量、包装等方面有所不同的同类商品。因此，伯川德模型中厂商的产品之间有很强的替代性，但又不是完全可替代，即价格不同时，价格较高的不会完全销不出去。例如，不同品牌的手表价格差别很大，国际顶级的名表几十万元、上百万元一块，而电子表则几十元一块，计时功能一样。另外，箱包、化妆品等也有这样的情况。

厂商 1 和厂商 2 的价格分别为 P_1 和 P_2 时，各自的需求函数为：

$$q_1=q_1(P_1,P_2)=a_1-b_1P_1+d_1P_2$$
$$q_2=q_2(P_1,P_2)=a_2-b_2P_2+d_2P_1$$

其中，$d_1,d_2>0$ 是两厂商的替代系数，假设无固定成本，c_1,c_2 表示边际成本，两厂商同时决策。

策略集：$s_1=[0,p_{1\max}]$　$s_2=[0,p_{2\max}]$

得益函数：

$$u_1 = u_1(p_1, p_2) = p_1 q_1 - c_1 q_1 = (p_1 - c_1) q_1$$
$$= (p_1 - c_1)(a_1 - b_1 P_1 + d_1 P_2)$$
$$u_2 = u_2(p_1, p_2) = p_2 q_2 - c_2 q_2 = (p_2 - c_2) q_2$$
$$= (p_2 - c_2)(a_2 - b_2 P_2 + d_2 P_1)$$

应用反应函数法，得：

$$\begin{cases} \dfrac{\partial u_1}{\partial p_1} = 0 \\ \dfrac{\partial u_2}{\partial p_2} = 0 \end{cases}$$

得到反应函数：

$$P_1 = R_1(P_2) = \frac{1}{2b_1}(a_1 + b_1 c_1 + d_1 P_2)$$

$$P_2 = R_2(P_1) = \frac{1}{2b_2}(a_2 + b_2 c_2 + d_2 P_1)$$

求得纳什均衡是两个反应函数的交点(p_1^*, p_2^*)：

$$\begin{cases} P_1^* = \dfrac{1}{2b_1}(a_1 + b_1 c_1 + d_1 P_2^*) \\ P_2^* = \dfrac{1}{2b_2}(a_2 + b_2 c_2 + d_2 P_1^*) \end{cases}$$

(p_1^*, p_2^*)是该博弈的唯一的纳什均衡。

$$p_1^* = \frac{d_1}{4b_1 b_2 - d_1 d_2}(a_2 + b_2 c_2) + \frac{2b_2}{4b_1 b_2 - d_1 d_2}(a_1 + b_1 c_1)$$

$$p_2^* = \frac{d_2}{4b_1 b_2 - d_1 d_2}(a_1 + b_1 c_1) + \frac{2b_1}{4b_1 b_2 - d_1 d_2}(a_2 + b_2 c_2)$$

这个纳什均衡结果远不如各博弈方协商合作得到的最佳结果，但是，最佳结果不是纳什均衡，不具有稳定性。这个博弈本质上也是一种囚徒困境的表现。例如，随处可见的各商家之间的价格战、家电企业的价格竞争就是该博弈在经济活动中的体现。

第三章

混合策略与纳什均衡

现实中的许多决策问题构成的博弈，根本不存在具有稳定性的各博弈方都能接受的纳什均衡策略组合，如前面介绍的“匹配硬币”博弈与“齐威王和田忌赛马”，而另一些博弈却有多于一个的纳什均衡策略组合，如“猎鹿博弈”。这两类博弈如果只进行一次，结果取决于机会和运气；如果多次独立反复进行这些博弈，这样博弈方决策的好坏就会从平均得益上反映出来，策略运用得当，平均收益会较理想，至少是不吃亏，否则平均得益就会很差。之前介绍的几种寻找纳什均衡的方法如果不适用，或者至少不能够作出准确的预测，那么就不能给博弈方提供肯定性的最优决策咨询。对于不存在纳什均衡和存在多个纳什均衡的博弈，如何进行有效的分析，给我们提出了新的挑战——拓展纳什均衡的概念，以寻找新的合适的分析方法。

第一节　混合策略

观察图 3－1，匹配硬币博弈，我们给这个博弈赋予一个故事。两个博弈方通过猜硬币打赌，输的一方要支付给胜方 1 千元。

		猜硬币方	
		正面	反面
掷硬币方	正面	-1，1	1，-1
	反面	1，-1	-1，1

图 3—1　匹配硬币博弈

在这种赌胜博弈中，不存在纳什均衡策略组合，这是严格竞争博弈。

分析这个博弈：假设掷硬币方出正面的概率为 p，出反面的概率为 $1-p$。出正面多于出反面，即 $p>1-p$ 或 $p>1/2$。在这种情况下，如猜硬币方索性选择的策略都是“正面”，则其期望得益：

$$p\cdot 1+(1-p)\cdot(-1)=2p-1=2(p-\frac{1}{2})>0$$

从平均得益的角度来讲，猜硬币方一定是赢多输少。同理，如果掷硬币方选择策略“反面”多于“正面”，也会给对方带来可乘之机，只要全部选择策略“反面”，那么从平均得益的角度就能够获胜。

各博弈方决策的第一个原则：自己的策略选择千万不能预先被另一方获知或猜到。换言之，博弈方必须随机地选择策略。

另外，在本博弈中，掷硬币方虽然是随机决定出正面还是反面，但如果在总体上出正面多于出反面，即出正面的概率大于出反面的概率，那么猜硬币方还是有机会的。两个博弈方都应该以 1/2 的概率随机选择策略“正面”或者“反面”，这时候博弈双方都无法从对方的选择方式上的偏好来相应调整自己的策略选择，从而达到获得更大的得益。从博弈双方策略选择的概率分布上达到了一种稳定，也是均衡。这种双方都按照上述概率随机选择策略，即在本博弈中，博弈方的决策内容不是确定性的具体策略，而是在一些策略中随机选择的概率分布，这样的策略选择称为“混合策略”(mixed strategies)。为区别起见，我们把前面介绍的选中某个策略的博弈称为“纯策略”(pure strategies)。混合策略在分析没有纳什均衡以及存在多个纳什均衡的博弈时，有非常重要的作用。

在博弈中，一旦每个博弈方都竭力猜测其他博弈方的策略选择，就不存在纳什均衡，因为这时博弈方的最优行为是不确定的，而博弈的结果必然要包含这种不确定性。现在引入混合策略的概念，可以将其解释为一个博弈方对其他博弈方行为的不确定性。我们将把纳什均衡的定义扩展到包含混合策略，从而可以分析诸如猜硬币、扑克、棒球及战争等博弈解的不确定性。

作为混合策略的第二个例子，请看图 3－2 所示博弈：

		博弈方2		
		左	中	右
博弈方1	上	1，0	1，2	0，1
	下	0，3	0，1	2，0

图 3—2

博弈方 2 有三个纯战略：左、中、右。这时，他的一个混合策略为概率分布$(q,r,1-q-r)$，其中 q 表示左的概率，r 表示中的概率，$1-q-r$ 表示右的概率。与前面相同，且 $0\leqslant q\leqslant 1$，这里还应满足 $0\leqslant r\leqslant 1$ 及 $0\leqslant q+r\leqslant 1$。在此博弈中，混合策略(1/3,1/3,1/3)表示博弈出左、中、右的概率相同，而(1/2,1/2,0)表示出左、中的概率相同，但绝不可能选择右。与所有情况下一样，博弈方的一个纯策略只是混合策略的一种特例，如博弈方 2 只出左的纯策略可表示为混合策略(1,0,0)。

更为一般的情况，假设博弈方 i 有 k 个纯策略：$S_i=\{s_{i1},\cdots,s_{ik}\}$，则博弈方 i 的一个混合策略是一个概率分布 $p_i=(p_{i1},\cdots,p_{ik})$，其中，$p_{ik}$ 表示博弈方 i 选择策略 s_{ik} 的概率，由于 p_{ik} 是一个概率，且 $p_{i1}+\cdots+p_{ik}=1$。

我们给出混合策略的定义。

定义 3.1 在博弈 $G=\{S_1,\cdots,S_n;u_1,\cdots,u_n\}$ 中，博弈方 i 的策略空间为 $S_i=\{s_{i1},\cdots,s_{ik}\}$，则博弈方 i 以概率分布 $p_i=(p_{i1},\cdots,p_{ik})$ 随机地在其 k 个可选策略中选择的"策略"，称为一个"混合策略"，其中，$0\leqslant p_{ij}\leqslant 1$ 对 $j=1,\cdots,k$ 都成立，且 $p_{i1}+\cdots+p_{ik}=1$。

第二节 混合策略纳什均衡

相对于这种以一定概率分布在一些策略中随机选择的混合策略，确定性的具体的策略称为"纯策略"，而原来意义上的纳什均衡，即任何博弈方都不愿单独改变策略的纯策略组成的策略组合可称为"纯策略纳什均衡"。当然，纯策略也可以看作是混合策略的特例。纯策略可以看作是选择相应纯策略的概率为 1，选择其余纯策略的概率为 0 的混合策略。混合策略可以看作是纯策略的扩展。

引进了混合策略的概念以后，我们可将纳什均衡的概念扩大到包括混合策略的情况。对各博弈方的一个策略组合，不管它是纯策略组成的还是混合策略组成的，只要满足各博弈方都不会想要单独偏离它，我们就称为一个纳什均衡。如果确实是一个严格意义上的混合策略组合构成的纳什均衡，称为"混合策略纳什均衡"。

我们仍以硬币博弈为例，假定博弈方 1 推断博弈方 2 会以 q 的概率出"正面"，以 $1-q$ 的概率出"反面"，即博弈方 1 推断博弈方 2 将使用混合策略 $(q,1-q)$。据此推断，博弈方 1 出"正面"可得的期望得益为 $q\cdot(-1)+(1-q)\cdot 1=1-2q$，出"反面"的期望得益为 $q\cdot 1+(1-q)\cdot(-1)=2q-1$。由于当且仅当 $q<1/2$ 时，$1-2q>2q-1$，则 $q<1/2$ 时，博弈方 1 的最优纯策略为出"正面"；$q>1/2$ 时为出"反面"；当 $q=1/2$ 时，博弈 1 出哪一面都是无差异的。同样，博弈方 2 也必须以 1/2 的概率出"正面"和"反面"，才能使对方无机可乘。猜硬币博弈中两个博弈方都以 (1/2,1/2) 的概率分布随机选择"正面"和"反面"的混合策略组合，就是一个混合策略纳什均衡。

期望得益：

$$\left(\frac{1}{2}\right)\cdot\left(\frac{1}{2}\right)\cdot 1+\left(\frac{1}{2}\right)\cdot\left(\frac{1}{2}\right)\cdot(-1)+\left(\frac{1}{2}\right)\cdot\left(\frac{1}{2}\right)\cdot 1+\left(\frac{1}{2}\right)\cdot\left(\frac{1}{2}\right)\cdot(-1)=0$$

这是零和博弈。

下面给出几个分析混合策略纳什均衡的例子。

第三节 混合策略纳什均衡的求解

观察图 3—3 表示的博弈。

应用划线法发现，这个博弈没有纯策略下的纳什均衡。应用概率分布的方法来寻找混合策略下的纳什均衡。

本博弈中，两博弈方决策的第一个原则是不能让对方知道或猜到自己的选择，因而必须在决策时采取随机性；第二个原则是他们选择每种策略的概率一定要恰好使对方无机

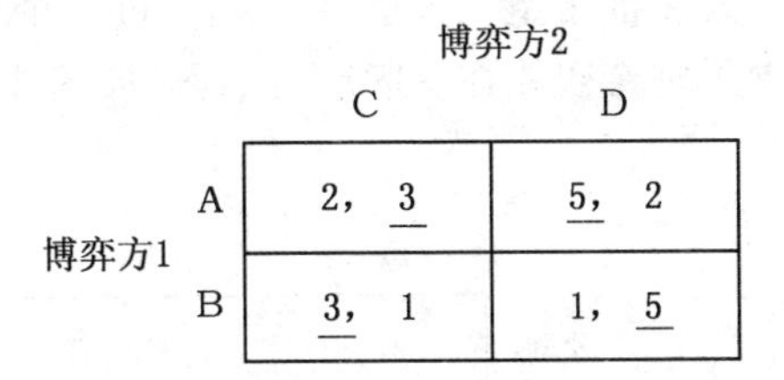

图 3—3　混合策略博弈

可乘。

设博弈方 1 选 A 的概率为 p_A，选 B 的概率为 p_B，博弈方 2 选 C 的概率为 p_C，选 D 的概率为 p_D。根据上述第二个原则，博弈方 1 选 A 和 B 的概率，应要使博弈方 2 选 C 的期望得益和选 D 的期望得益相等，即：

$$u_{2C}=p_A\times3+p_B\times1=p_A\times2+p_B\times5=u_{2D}$$

因为：$p_A+p_B=1$

所以：$p_A=0.8, p_B=0.2$

这是博弈方 1 的混合策略。

同理，求得博弈方 2 的混合策略为 $p_C=0.8, p_D=0.2$。

博弈方 1 以(0.8,0.2)的概率随机选择 A 和 B，博弈方 2 以(0.8,0.2)的概率随机选择 C 和 D，由于这时谁都无法通过改变自己的混合策略(概率分布)而改善自己的得益(期望得益)，因此这样的混合策略组合是稳定的，是一个混合策略纳什均衡。

用如下方法{(0.8,0.2),(0.8,0.2)}，该混合策略纳什均衡的期望结果(即双方的期望得益)分别为：

$$\begin{aligned}u_1^e&=p_A[p_Cu_1(A,C)+p_Du_1(A,D)]+\\&\quad p_B[p_Cu_1(B,C)+p_Du_1(B,D)]\\&=0.8\times[0.8\times2+0.2\times5]+0.2\times[0.8\times3+0.2\times1]\\&=2.6\end{aligned}$$

$$\begin{aligned}u_2^e&=p_C[p_Au_2(A,C)+p_Bu_2(B,C)]+\\&\quad p_D[p_Au_2(A,D)+p_Bu_2(B,D)]\\&=0.8\times[0.8\times3+0.2\times1]+0.2\times[0.8\times2+0.2\times5]\\&=2.6\end{aligned}$$

虽然单独一次博弈的结果可能是四组得益中的任何一组，但是，多次独立重复博弈的平均结果却应该是双方各得 2.6。

混合策略和混合策略均衡的概念一方面可用在不存在纯策略纳什均衡的博弈问题中，这种问题各博弈方之间的利益总是有严格对立性。另一方面，在没有确定性结果的博弈，即存在多个纯策略纳什均衡的博弈，这种博弈中博弈方之间的利益有相当的一致性的情况中，也可以运用混合策略和混合策略纳什均衡求解。

作为混合策略纳什均衡的例子，我们用经典例子——性别战博弈为例，这个例子表明一个博弈可以有多个纳什均衡。关于这一博弈的传统表述(该博弈从 20 世纪 50 年代就开始使用了)，是夫妻二人试图决定安排一个晚上的娱乐内容。丈夫和妻子必须在去听歌剧和看拳击赛中选择其一，夫妻都希望二人能在一起度过一个夜晚，而不愿分开，但丈夫希望能一起看拳击比赛，妻子则希望能在一起欣赏歌剧，如图 3－4 的博弈矩阵所示：

		丈夫	
		歌剧q	拳击$(1-q)$
妻子	歌剧r	2，1	0，0
	拳击$1-r$	0，0	1，2

图 3—4　性别战博弈(甲)

令$(q,1-q)$为丈夫的一个混合策略，其中他选择歌剧的概率为q，且令$(r,1-r)$为妻子的一个混合策略，其中她选择歌剧的概率为r。如果丈夫的策略为$(q,1-q)$，则妻子选择歌剧的期望收益为$q\cdot 2+(1-q)\cdot 0=2q$，选择拳击的期望收益为$q\cdot 0+(1-q)\cdot 1=1-q$。从而，在$q>1/3$时，妻子最优反应为歌剧(即$r=1$)；$q<1/3$时，妻子的最优反应为拳击(即$r=0$)；$q=1/3$时，任何可行的$r$都是最优反应。类似地，如果妻子的策略为$(r,1-r)$，则丈夫选择歌剧的期望收益为$r\cdot 1+(1-r)\cdot 0=r$，选择拳击的期望收益为$r\cdot 0+(1-r)\cdot 2=2(1-r)$。从而，$r>2/3$时，丈夫的最优反应是歌剧(即$q=1$)；$r<2/3$时，丈夫的最优反应是拳击(即$q=0$)，$r=2/3$时，任何可行的$q$值都是最优反应。最优反应对应的交点之一，即妻子的混合策略$(r,1-r)=(2/3,1/3)$，丈夫的混合策略$(q,1-q)=(1/3,2/3)$就是原博弈的一个纳什均衡$\{(2/3,1/3),(1/3,2/3)\}$。

这个混合策略的纳什均衡也可以由图 3－5 所示的方法求得。

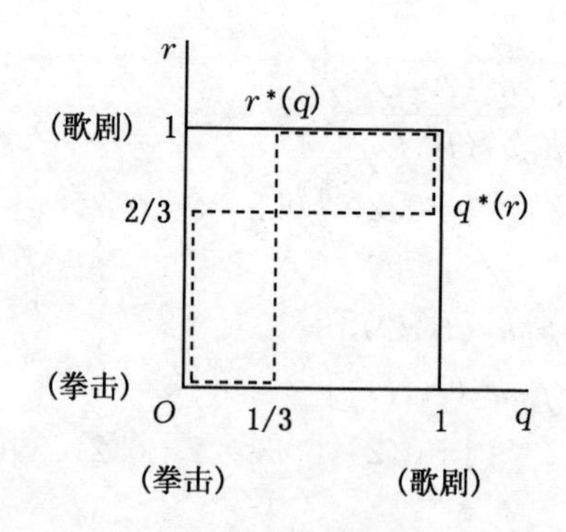

图 3—5　性别战博弈(乙)

这是混合策略的反应函数图，图中虚线为最优反应函数$r^*(q)$和$q^*(r)$有三个交点：$(q=0,r=0)$、$(q=1,r=1)$及$(q=1/3,r=2/3)$。另外两个交点分别代表两个纯策略纳什均衡{拳击、拳击}和{歌剧，歌剧}。尽管混合策略不像纯策略那样直观，但它确实是一些博弈中博弈方的合理行为方式。扑克比赛、垒球比赛、划拳，以及齐威王和田忌赛马的故事，就是这样的例子。在这类博弈中，博弈方总是随机行动以使自己的行为不被对手所预测。经济学上的监督博弈也是这样的例子。监督博弈是猜谜博弈的变型，它概括了诸如税收检查、质量检查、惩治犯罪、雇主监督雇员等这样一些情况。这类博弈的特点是不存在纯策略纳什均衡。在经济活动中，有许多与性别战博弈相似的博弈问题，制式问题是其中典型的例子。电器和电子设备往往有不同的原理或相关技术标准，称为不同的制式。如果生产相关电器或电子设备的厂商采用相同的制式，产品之间就能够相互匹配，零配件也可能相互通用。如果同一种产品有两种不同的制式，两个厂商之间就有一个选择制式的博弈问题。这类博弈的特点是存在多个纯策略纳什均衡。

第四节　纳什均衡的存在性

我们介绍了上策均衡(DSE)、累次严优均衡(严格下策反复消去法，IEDE)、纯策略纳什均衡(PNE)和混合策略纳什均衡(MNE)四个均衡概念。博弈理论的发展，是随着社会实践的发展不断拓展和完善的。每个均衡概念依次是前一个均衡概念的扩展，或者说，前一个均衡概念是后一个均衡概念的特例：纯策略纳什均衡是混合策略纳什均衡的特例，累次严优均衡是纯策略纳什均衡的特例，上策均衡是累次严优均衡的特例。从数学集合的观点来理解不同均衡之间的关系，我们可以看到博弈论发展的过程。将存在某个适当定义的均衡的所有博弈定义为一个集合，那么，存在前一个均衡集合依次为存在后一个均衡集合的子集：上策均衡集合是累次严优均衡集合的子集，累次严优均衡集合是纯策略纳什均衡集合的子集，纯策略纳什均衡集合是混合策略纳什均衡集合的子集，如图 3－6 所示：

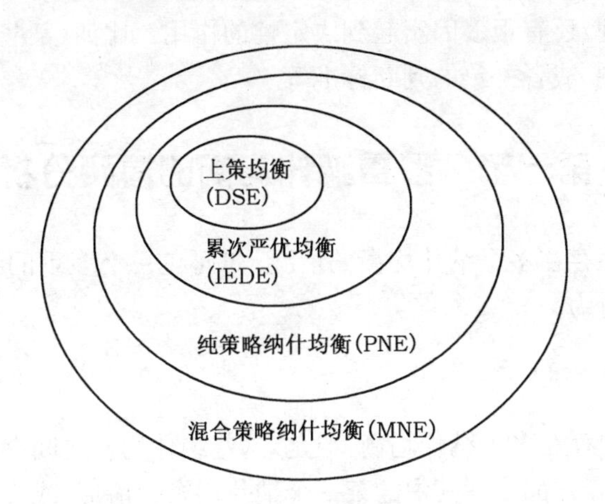

图 3－6　不同均衡之间的关系

上述四个均衡概念统称为纳什均衡(NE)。引入混合策略纳什均衡的目的是使纳什均衡概念可以应用于更多的博弈。我们讨论的博弈至少存在一个纳什均衡(纯的或混合的)。是不是所有的博弈都存在纳什均衡？著名的数学家纳什在 1950 年的经典论文中，首先提出了“均衡点”(Equilibrium Point)的纳什均衡概念，并且证明了在任何有限博弈中都存在至少一个纳什均衡。

定义 3.2　纳什定理(Nash，1950)：在一个有 n 个博弈方的标准博弈 $G=\{S_1,\cdots,S_n;u_1,\cdots,u_n\}$ 中，如果 n 是有限的，且 S_i(对 $i=1,2,\cdots,n$)是有限的，则博弈存在至少一个纳什均衡，均衡可能包含混合策略。

第四章

博弈分析方法的拓展

纳什均衡在很多社会现象和经济活动中普遍存在，但是，许多博弈问题中的纳什均衡不是唯一的，有时候几个纳什均衡之间很难判断出优劣。究竟哪一个纳什均衡最有可能成为最终的结果出现，还有很多因素起到决定性的作用。比如，某些可以使得博弈方能够产生一致的预测机制，或者一致的判断标准等。

第一节　多重纳什均衡的博弈分析

先来分析博弈中存在多个纳什均衡的情况，如何在一个多重的纳什均衡的博弈问题中寻找最佳的策略行为。

一、帕累托上策均衡

尽管博弈问题中存在多个纳什均衡，但是，这些纳什均衡之间有可能存在很明显的优劣之分，存在所有博弈方都偏好其中的某一个纳什均衡的情形，或许这个纳什均衡给所有博弈方都带来最好的得益。这种情形下，每个博弈方不仅自己会选择这个纳什均衡的策略，并且可以预测到其他博弈方也会选择这个纳什均衡的策略。一旦这个纳什均衡是所有博弈方的理性选择倾向，那么它就会是最后结果。这种按照得益大小选出的纳什均衡，相比其他的纳什均衡，具有得益上的优势。在存在多重纳什均衡中，所有博弈方都偏好其中同一个纳什均衡，这种方法选择的纳什均衡，称为“帕累托上策均衡”。

前面介绍的猎鹿博弈中，存在两个纳什均衡：一个是策略组合{猎鹿，猎鹿}，一个是策略组合{猎兔，猎兔}，比较两个纳什均衡的得益，2 大于 1，所以同时选择猎鹿策略的纳什均衡，具有帕累托优势。

维弗雷多 · 帕累托(Vilfredo Pareto)是法国出生的意大利经济学家。效率是经济学界很有争议的问题，但以他名字命名的帕累托效率标准却受到经济学界的普遍认可。

另外，国家之间的博弈，就是在战争与和平的博弈中如何选择，如图 4—2 所示。

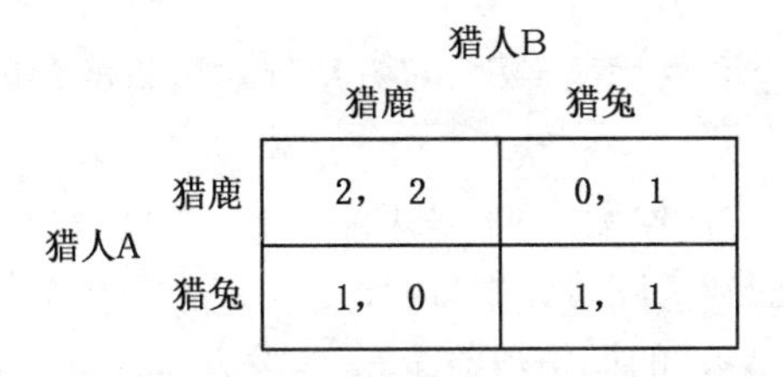

		猎人B	
		猎鹿	猎兔
猎人A	猎鹿	2，2	0，1
	猎兔	1，0	1，1

图4—1　猎鹿博弈

		国家B	
		战争	和平
国家A	战争	5，5	8，-10
	和平	-10，8	10，10

图4—2　帕累托上策均衡

博弈分析发现，这个博弈存在两个纳什均衡：{战争，战争}与{和平，和平}。这两个纳什均衡中，显然{和平，和平}具有帕累托上策优势，这是合理的帕累托上策均衡。

二、风险上策均衡

帕累托上策均衡是在多个纳什均衡情况下的基本判定方法，但是，它不具备强制力约束各个博弈方必须选择。在多个纳什均衡中，把风险因素考虑进去，比较分析风险的严重性，风险小的优先选择，达到回避风险，这种方法称为“风险上策均衡”(Risk-dominant Equilibrium)。

分析图4—3博弈，两个纯策略纳什均衡{上，左}和{下，右}。观察策略组合中的得益，{上，左}具有帕累托优势，是帕累托上策均衡。这个博弈的结果中哪一个发生的可能性更大一些？

		博弈方2	
		左	右
博弈方1	上	9，9	0，8
	下	8，0	7，7

图4—3　风险上策均衡

从博弈方1的角度出发，假设博弈方2选择两个策略的概率各为50%，博弈方1选择策略“上”的期望得益是4.5，选择策略“下”的期望得益是7.5，所以博弈方1选择策略“下”是相对优势的。如果选择策略“上”，有50%的概率得益为9，也可能有50%的概率得益为0，综合考虑，还是不要冒险。在情况不明朗的情况下，期望得益的情况是判定的一个重要标准。

同样，博弈方 2 也会有这样的考虑，双方从规避风险的角度，纳什均衡{下，右}可能是被偏好的。

猎鹿博弈存在两个纳什均衡：一个是策略组合{猎鹿，猎鹿}，一个是策略组合{猎兔，猎兔}。把风险因素考虑到猎鹿博弈中，假设猎人 2 选择两个策略的概率各为 50%，猎人 1 选择策略“猎鹿”和 “猎兔”的期望得益都是 1，没有差别，但是“猎鹿”的得益要依赖猎人 2 的策略选择也是“猎鹿”才可以实现，是不确定的、有风险的；而“猎兔”的得益不依赖于猎人 2 的策略选择，是自己就可以确定的得益，是安全的。这样纳什均衡{猎兔，猎兔}就是风险上策均衡。

人们对风险的态度，有三种情况：风险中性，即 1 单位期望得益等于 1 单位确定的得益；风险偏好，即 1 单位期望得益大于 1 单位确定的得益；风险规避，即 1 单位期望得益小于 1 单位确定的得益。此后若不特别说明，博弈方都被认为是风险中性的。人们在决策行为中有很强的风险偏好因素，这在选择策略时有自我强化的本能机制。风险和收益一般是呈正比的，但是，对于风险规避的人，从稳定、安全、可靠的角度出发，风险上策均衡是人们在经济活动中不能回避的一个首要因素，或者说是重要规律。这样的判断方法，从心理学和经济学的角度上看很有道理，但是从数学的角度看就不够严谨了。

笔者曾就“猎鹿博弈”在课堂教学中做过大量的实验，对于没有系统学习过博弈论的学生来看，风险偏好的情况占的比例反倒是大一些，理性人的特点很明显。为什么会这样？一个很重要的因素在于这是纸上谈兵，没有真的得失，这时候理性人的本性表现得很充分。如果真正涉及利益得失问题，风险规避就会放在首位：这个买房子的决定不会错吧？这支股票会涨吧？这几个工作机会哪个更好？这几个专业选择哪个更好？反反复复的考虑，会令现实中的决策者很纠结。

三、聚点均衡

在多个纳什均衡中，选择困难主要在于无法判断哪一个具有优势。例如，性别战博弈有三个纳什均衡，其中混合策略的纳什均衡的得益明显不好，而另外两个纯策略的纳什均衡很难判断孰轻孰重。一个是让丈夫开心，一个是让妻子开心，这类博弈问题在生活中、经济活动中有很多类似，涉及利益分配、合作条件等。在这种很难有理性选择，在受心理学、行为学、文化等因素影响的情况下，把所有可能的因素都考虑到，实在是不简单的。

人们对于这类无法用理论来明确给出结果的问题，应还原建立模型时抽象掉的信息。这些信息和社会文化取向与博弈方的历史和经历有关。通过这些信息，可以发现博弈方之间往往能理解彼此的行为选择。

例如，我们做一个博弈实验，博弈方同时报一个时间，如果相同则可以获得一个不菲的奖励。这个博弈有无穷多个纳什均衡，但是博弈双方可能报的是中午 12:00 和午夜 0 点，因为这两个时间有很明显的特征，一个是上、下午的分界点，一个是一天的开始，博弈双方同时想到的可能性大一些。这种博弈方容易同时选择的策略称为“聚点”(focal points)。存在多个纳什均衡的博弈中，博弈方同时选择一个聚点得到的纳什均衡称为“聚点均衡”(focal points equilibrium)。需要说明的是，聚点均衡是众多纳什均衡中容易被选择的纳什均衡。

另一个聚点均衡的例子是“城市博弈”，给出四个城市——上海、南京、长春和哈尔滨，要求把两个城市分在一组，若博弈方的分法相同则有奖励。

一般博弈方会考虑地理位置，把两个南方城市，即上海和南京分在一组，两个北方城市，即长春和哈尔滨分在一组，这是这个博弈的聚点均衡。有地理常识的博弈方很容易找到这个均衡，然而，笔者在留学生和香港博士生的实验中却遇到了麻烦。他们在没有地理知识的情况下，从汉字个数上希望再有一个三个字的地名，这样就会把三个字的城市放在一组。

比如，性别战博弈中，如果是一些特殊日子，如丈夫或妻子的生日等，就可能是选择聚点的依据。聚点均衡很难找到普遍的规律可循，只有具体问题具体分析。

四、相关均衡

现实生活中，当遇到选择困难时，尤其是经常遇到类似的选择难题时，人们会吸取经验教训，在长期的社会实践中不断地总结经验教训，找到解决问题的方法。人们通过收集更多的信息，协商制定一些特定的机制和规则，积极地解决选择困难问题。例如，我们在驾驶车辆时，十字路口的信号灯，红灯停，绿灯行，就是一个解决问题的方法。这种通过博弈方都能观察到的共同信号来确定选择行动的方法，称为“相关均衡”(correlated equilibrium)。这是由奥蒙(Aumann，1974)提出的，基本思想是博弈方设计一种机制，发出约定好的“相关信号”，博弈方根据信号作出策略选择。下面通过图4—4的分析，介绍“相关均衡”方法。

		博弈方2 左	博弈方2 右
博弈方1	上	5，1	0，0
博弈方1	下	4，4	1，5

图4—4　相关均衡

在这个博弈中，有两个纯策略的纳什均衡，即{上，左}和{下，右}，还有一个混合策略的纳什均衡{(1/2，1/2)，(1/2，1/2)}。在纯策略纳什均衡中，每个博弈方的期望得益都是2.5，但是，这两个纳什均衡中两个博弈方的得益差异很大，无法调解，聚点均衡的思路不适用。如果采用混合策略纳什均衡，有可能达到总得益最高的策略组合{下，下}，但这不是纳什均衡，而且有1/4的概率可能出现最不好的策略组合{上，右}。为了避免策略组合{上，右}出现，但还要包含这个策略组合，设计一个能够发出“相关信号”的“相关装置”：以相同的可能性(各1/3)发出A、B、C三种信号；博弈方1只能看到信号是否为A，博弈方2只能看到信号是否为C；博弈方1看到A时，选择策略“上”，否则选择“下”，博弈方2看到C时，选择策略“右”，否则选择“左”。

分析发现，这个机制有几个特点：因为博弈方1的“上”和博弈方2的“右”不会同时出现，从而保证策略组合{上，右}不会出现；{上，左}、{下，右}和{下，左}三种策略组合分别以1/3的概率出现，博弈双方的期望得益都是1/3+1/3，这个结果大于混合策略纳什均衡的期望得益,也大于两个纯策略纳什均衡的期望得益。这是一个纳什均衡,不影响原来的均衡。

相关均衡在稳定的情况下,对于提高博弈的效率是有积极意义的。但是,这在现实生活中的应用情况并不简单,尤其是比较复杂的博弈问题,如何设计一个完美的相关机制本身就是一个问题,博弈方的互相信任理解情况也是重要因素,所以这种方法的可操作性很值得讨论。

第二节 共谋和防共谋均衡

在多人博弈中,可能存在部分博弈方之间联合起来追求小团体利益的共谋行为,从而导致纳什均衡的不稳定。出于对这种可能性的防范,1987 年理论界提出了"防共谋均衡"(coalition-proof equilibrium)。

一、共谋问题

在有多个博弈方参加的多人博弈中,如果有部分博弈方通过某种形式的默契或者串通形成小团体,借此可以获得比不串通时更多的利益,在理性人最大化个人利益原则的驱使下,那么这些博弈方有很强的串通、联合的动机和意愿。

这是三个博弈方同时决策的博弈,博弈方 1 有(U,D)两个策略,博弈方 2 有(L,R)两个策略,博弈方 3 选择矩阵 A 和矩阵 B。具体通过图 4—5A 和图 4—5B 的博弈矩阵表示。

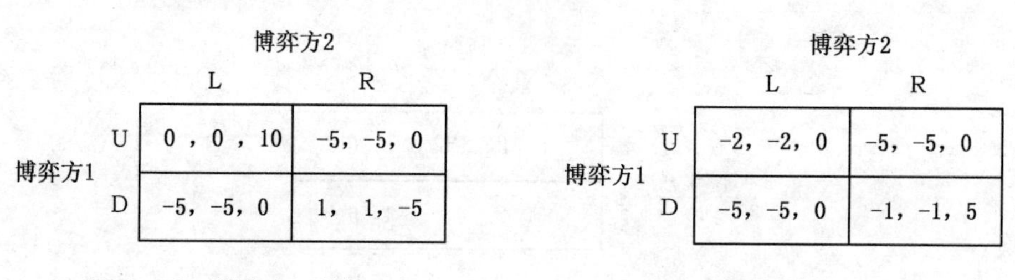

博弈方1 \ 博弈方2	L	R
U	0 , 0 , 10	-5, -5, 0
D	-5, -5, 0	1, 1, -5

图 4—5A 博弈方 3 选择 A

博弈方1 \ 博弈方2	L	R
U	-2, -2, 0	-5, -5, 0
D	-5, -5, 0	-1, -1, 5

图 4—5B 博弈方 3 选择 B

这个博弈中有两个纯策略纳什均衡{U,L,A}和{D,R,B},并且前一个是帕累托均衡优于后一个,从风险上策的角度分析前一个也优于后一个。如果不存在串通的情况下,{U,L,A}就是确定的纳什均衡。

如果博弈方中存在串通共谋的可能,那么{U,L,A}就不是最后的结果。如果博弈方 3 选择 A,博弈方 1 和博弈方 2 达成一致的默契,分别采用策略 D 和策略 R,他们都可以得到 1 的得益,大于{U,L,A}的得益 0。

这时,博弈方 1 和博弈方 2 同时具有偏离原来纳什均衡的倾向和动机,前面介绍的帕累托上策均衡、风险上策均衡方法都无法解决这样的问题,要求我们必须引入新概念和新思路,以解决此类问题。

{U,L,A}不是防共谋的纳什均衡,但是纯策略纳什均衡{D,R,B}却具有防共谋的性质。因为这时,如果博弈方 1 和博弈方 2 一起偏离,他们的得益都由—1 降到了—5,所以博弈方 1 和博弈方 2 不会共谋这样的偏离;分析博弈方 1 和博弈方 3 也不会共谋这样的偏离；同理分析博弈方2和博弈方3也不会共谋这样的偏离；再来讨论三个博弈方同时偏离的情况，那就是从{D,R,B}回跳到{U,L,A}，回到前面的分析情况，形成了博弈方1和博弈方2共谋偏离的动机。

综合上面的分析，纯策略纳什均衡{D,R,B}具有防共谋的性质，是防共谋均衡。

二、防共谋均衡

从前面共谋问题的分析，可以看出防共谋均衡是在两个以上博弈方的博弈中，博弈方之间的通过串供获得更好的收益。下面给出防共谋均衡的定义：

定义4.1　如果一个博弈的某个策略组合满足下列要求：(1)没有任何单个博弈方的"串通"会改变博弈的结果，即单独改变策略无利可图；(2)给定选择偏离的博弈方有再次偏离的自由时，没有任何两个博弈方的串通会改变博弈的结果；(3)依此类推，直到所有博弈方都参加的串通也不会改变博弈的结果。满足这些要求时，可称为"防共谋均衡"。

防共谋均衡概念是由经济学家本海姆、别列葛和温斯顿在1987年提出的，由于过于理论化，故不太被认可。到了1994年，罗斯曼和赫朴曼在论文中将"防共谋均衡"作为理论依据，把这一理论的结果用到了贸易行为的分析中，使得经济学界开始重视防共谋问题。防共谋均衡已经成为判别纳什均衡是否稳健的一个重要标准。

如果排除了共谋的因素后，多人博弈与两人博弈的差别就不大了，我们之前的博弈分析方法都可以使用了。多人博弈的复杂性，远比我们可以想象的要复杂、严重得多。

第一部分思考题

1.从现实生活中的实际案例,抽象出博弈模型并分析。

2.构成一个博弈的最基本的要素是什么?

3.博弈有哪些主要的分类方法和主要类型?

4.就考试舞弊问题,请设计一个防止舞弊的博弈模型,并给出可行的措施。

5.列举案例,分别运用上策均衡、累次严优、划线方法、箭头方法,寻找纳什均衡,并比较各种方法的不同。

6.求出下列博弈的所有纳什均衡:

		博弈方2		
		左	中	右
博弈方1	上	2, 0	1, 1	4, 2
	中	3, 4	1, 2	2, 3
	下	1, 3	0, 2	3, 0

7.对于猎鹿博弈,如果博弈方增多,情况会怎样?

8.考察股市情况,试着列出几种博弈关系?

9.企业1的需求函数为$q_1(p_1,p_2)=m-p_1+p_2$,企业2的需求函数为$q_2(p_1,p_2)=m-p_2+p_1$,假设两个企业的生产成本为c,求两个企业同时决策的纳什均衡。

第二部分

完全信息动态博弈

第五章

动态博弈

本章主要讨论动态博弈，这类博弈也是现实中常见的基本博弈类型。由于动态博弈中博弈方的选择、行动有先后次序，因此在表示方法、利益关系、分析方法和均衡概念等方面，都与静态博弈有很大区别。下面首先对动态博弈分析的概念和方法作系统介绍。

第一节　动态博弈的表示

如果各博弈方策略的选择和行动不仅有先后顺序，而且后选择、后行动的博弈方在自己选择行动之前，可以看到前面的过程，这种博弈称为“动态博弈”，也称为“多阶段博弈”、“序贯博弈”。

在动态博弈中，一个博弈方的一次行动称为一个“阶段”。由于每个博弈方在动态博弈中可能有不止一次行动，因此，每个博弈方在一个动态博弈中就可能有数个甚至许多个博弈阶段。动态博弈一般用扩展形表示。

博弈方甲要开采一个价值 4 万元的金矿，缺 1 万元的资金，向乙借 1 万元，许诺开采到金子后与乙平分。如图 5－1 所示，这是一个两阶段的动态博弈。

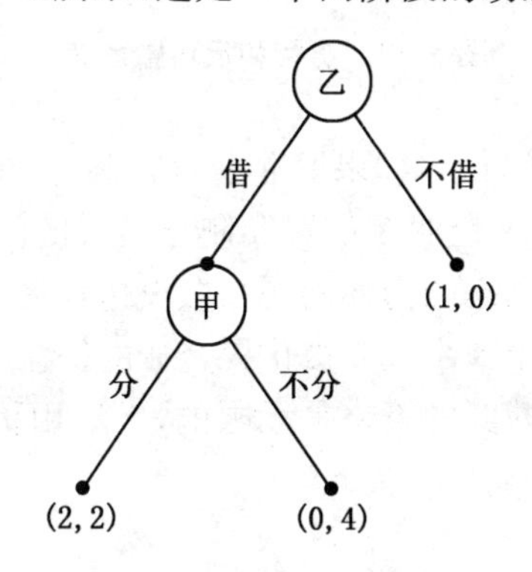

图 5－1　两阶段动态博弈

甲提出借钱的建议，但是第一阶段行动的不是博弈方甲，而是博弈方乙，乙的策略是{借，不借}；如果乙选择了策略“借”，甲方可以开金矿，并且得到预期的 4 万元；现在轮到甲方采取行动，他的策略是{分，不分}。括弧中前一个数字代表乙的得益，后一个数字代表甲的得益，这种表示方法也称为“博弈树”。

博弈树把博弈的三要素形象地挂在了树上。博弈树把博弈方可以采取的所有可能的行动，博弈方所有可能的结果都在树上表示出来。

博弈树由节点和棱（也称枝）组成，节点又分为决策节点和末端节点，博弈树一般采用从上向下，或者从左向右的画法，将动态博弈的决策过程以及博弈方的决策都在博弈树的决策节点上表示出来。博弈树由棱来连接节点，决策节点是博弈方作出决策的地方，每一个决策节点都与在该决策节点上进行决策的博弈方相对应；每棵树都有一个初始决策节点，也称根节点，这是博弈开始的地方；末端节点是博弈结束的地方，一个末端节点就是博弈的一个结果；每一个末端节点都与一个得益向量相对应，这个向量按分量次序排列博弈的所有博弈方在这个结果下的博弈所得。换言之，得益向量以分量的形式，给出当博弈沿着导向这个结果的棱“进行到底”的时候，每个博弈方所获得的得益。博弈方的个数，就是得益向量的维数。这里的圆圈表示“决策节点”，小黑点表示“末端节点”，括弧中的数字表示博弈方选择相应的“行动路径”到达这些末端节点时所得到的得益。

扩展形方法还可以表示更复杂的动态博弈，如图 5－2 给出的“仿冒和反仿冒博弈”。

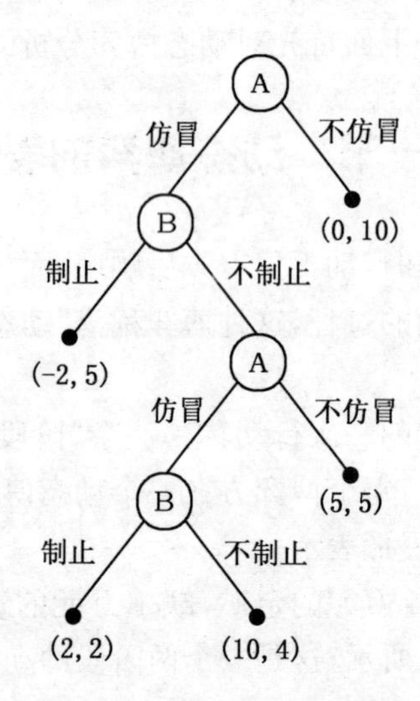

图 5－2　仿冒和反仿冒博弈

B 企业的产品被 A 企业仿冒了，如果 B 企业进行制止，A 企业就停止仿冒；如果 B 不制止，那么 A 就继续仿冒。两个企业在仿冒和制止仿冒的问题上，有一个行动和利益的相互依存的博弈关系，是一个动态的博弈问题。假设仿冒最多进行 2 次，括弧中前一个数字代表仿冒企业的得益，后一个数字代表被仿冒企业的得益。

还有一些动态博弈，由于博弈的策略是无限的，无法用扩展形表示，一般可以用文字描述和数学函数表示。

第二节　动态博弈的特点

动态博弈有很多不同于静态博弈的特点，我们从以下三个方面来介绍动态博弈的特点。

一、动态博弈的策略和行动

策略是博弈方在进行决策时，可以选择的方法或做法；行动就是博弈方在某个时点上选择了某个策略。在一次性同时决策的静态博弈中，策略和行动没有区别，策略就是行动，行动就是策略。策略组合所对应的各博弈方的得益就是博弈的结果。在动态博弈中，策略和行动是完全不同的含义。

在动态博弈中，行动是指每一个决策节点上博弈方的决策变量或行动的具体选择。博弈按照博弈方决策的先后次序进行，后行动的博弈方可以对其他博弈方，以及他本人在之前采取的行动，作出相应的回应。动态博弈中，博弈方决策的内容是决定博弈结果的关键，不是博弈方在单个阶段的行动，而是各个博弈方在整个博弈中进行选择的每个阶段，针对前面阶段的各种情况做相应选择和行动的完整计划，以及不同博弈方的各种计划构成的组合，这种计划称为动态博弈中博弈方的“策略”。

二、动态博弈的结果

动态博弈的结果是由完整计划的策略组合，形成一条连接各个阶段的路径，末端节点括弧中对应的数组是得益。得益对应着每条路径，而不是对应每个阶段的具体策略选择或者某一个具体的行动。结果包括“完整计划”策略的策略组合、实施策略组合的路径，以及最后各博弈方相应的得益。换言之，就是双方（或多方）采用的策略组合来实现的博弈路径和各博弈方的得益。

三、动态博弈的非对称性

动态博弈中，因为博弈方的选择行动有先后次序，后行动者可能观察到前面的选择行动，各博弈方的地位是不对称的。

先选择策略、先行动的博弈方，如果能够抓住有利时机，则具有“先动优势”。后选择、后行动的博弈方则可以掌握更多的信息，减少决策的盲目性，增加对决策准确性的把握，称为“后动优势”。对于两个以上的博弈方，掌握信息多的不一定能够利用好信息，信息多反而落得收益少的地步，这是因为信息多的一方对其中风险的了解更充分。很多博弈的结果出乎意料，正是博弈的魅力所在。

第三节　可信性问题

动态博弈的一个中心问题是“可信性”问题。所谓可信性，是指动态博弈中先行动的博弈方是否该相信后行动的博弈方会采取对自己有利的或不利的行动。因为后行动方将来会采取对先行动方有利的行动相当于一种“许诺”，而将来会采取对先行动方不利的行动相当于一种“威胁”，因此我们可将可信性分为“许诺的可信性”和“威胁的可信性”。

下面，我们以开金矿博弈为例来分析动态博弈中的“许诺”和“威胁”。

第一阶段，如果博弈方乙采取行动“不借”，博弈到此结束；如果选择“借”，博弈方甲遵守诺言，平分 4 万元。博弈方乙最关心的问题，是甲采到金子后是否会履行诺言与自己平分？因为万一甲采到金子后不但不与乙平分，而且还赖账或携款潜逃，博弈方乙面临的风险是不仅没有获得更大的利润，甚至连自己的本钱都收不回来。关键是要判断甲的许诺是否可信。

以理性人自身利益最大化原则，博弈方甲一定选择行动“不分”，因为这是他的纳什均衡。

在完全信息动态博弈中，博弈方都清楚过程和得益情况，乙清楚甲的行为准则，他的最好选择是“不借”。对乙来说，甲的许诺是不可信的。如何改变这种情况？

要想使甲的许诺成为可信的，加上第三阶段，让乙在甲违约时采用法律手段——“打官司”，乙的利益受到法律保护，甲的许诺是可信的。乙在第一阶段选择借，甲在第二阶段选择分。如图 5－3 所示：

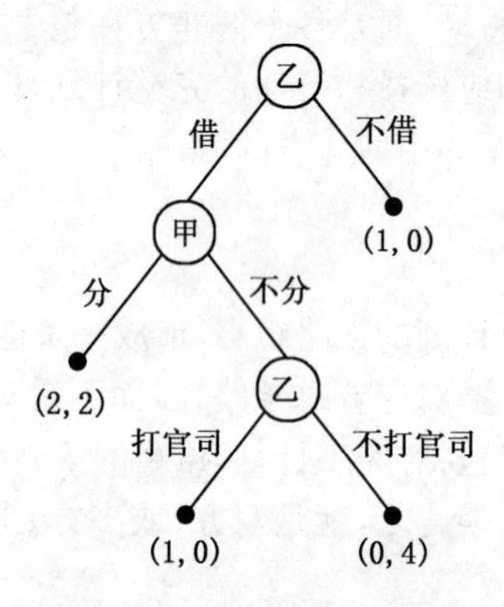

图 5－3　可信的诺言和威胁

有法律保障的开金矿博弈，“分钱”的许诺，“打官司”的威胁都是可信的。

博弈的第三阶段，只是一个约束和保障，并不会走到这一阶段。但是，没有这一阶段是万万不行的，这一阶段正是对“分钱”许诺的保障，体现了契约精神和本质。现实生活中，随着经济和社会的发展，很多问题需要法律来保护人们的权益。

比如，在婚姻中，关于婚前财产公证问题，人们有很大的争议和不同看法。还没结婚，就担心分手时的财产纠结，还有结婚的意义吗？因为房产证上的署名问题不能达成一致，导致多年的恋爱一夜间分道扬镳。情感，在严酷的现实中有时不堪一击。

再来看一个法律保障不足的情况。

在第三阶段乙打官司不能收回本钱，还要承受 1 万元的损失，这时乙“打官司”的威胁是不可信的，甲“分钱”也是不可信的。现实中，这样的案例很多，一个案子要拖很长时间，耗时费力，通常博弈方之间会达成一些经济赔偿，俗称私了。如图 5－4 所示。

通过对开金矿本博弈的分析，可以看出在一个人人都只注重自身利益的社会里，完善公正的法律制度不但能够保障社会的公平，还能提高社会经济活动的效率，是实现最有效

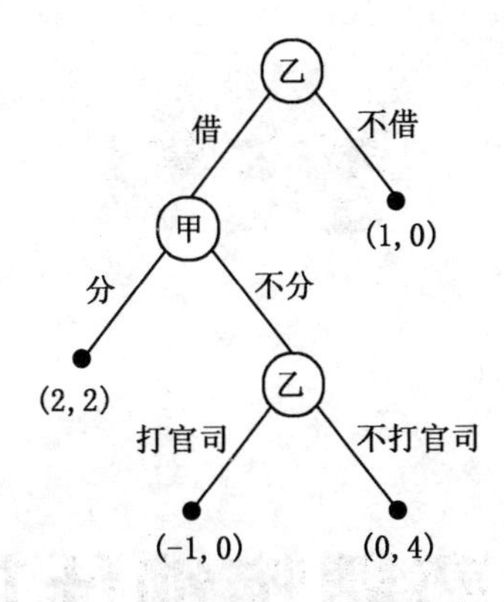

图5-4　法律保障不足时的开金矿博弈

率的社会分工的重要保障。可信性是动态博弈分析的一个中心问题。

纳什均衡在动态博弈中可能缺乏稳定性，也就是说，在完全信息静态博弈中稳定的纳什均衡，在动态博弈中可能是不稳定的，不能作为预测的基础。

纳什均衡本身不能排除博弈方策略中包含的不可信的行为设定，不能解决动态博弈的相机选择引起的可信性问题。鉴于纳什均衡在动态博弈分析中的不足，需要我们发展博弈理论，以便有效地分析动态博弈问题。动态博弈的分析，既要满足对纳什均衡的基本要求，还提出了新的挑战，就是要具有能够排除不可信的承诺和威胁的能力。

第六章

子博弈精炼纳什均衡

因为动态博弈中存在不可信的行动选择，所以，纳什均衡具有不稳定性。为了排除不可信的威胁或承诺因素，博弈理论又一次得到了发展，泽尔腾(1965)提出了“子博弈完美纳什均衡”，用来分析动态博弈。子博弈完美纳什均衡要求均衡战略的行动在每一个信息集上都是最优的。为此，我们首先引进“子博弈”的概念。简单来说，子博弈是原博弈的一个局部构成的次级博弈，它本身可以作为一个独立的博弈进行分析。

第一节　子博弈

定义 6.1　由一个动态博弈第一阶段以外的某个阶段开始的后续博弈阶段构成，必须有初始信息集，具备进行博弈所需要的各种信息，能够自成一个博弈的原博弈的一部分，称为原动态博弈的一个“子博弈”。

以三阶段开金矿博弈为例，如果乙在第一阶段选择了“借”，动态博弈进行到第二阶段，甲作选择。这时甲选择是否分成，然后轮到乙作选择是否打官司。这本身构成了一个两阶段的动态博弈，是原博弈的一个“子博弈”。当甲选择“不分”，博弈进行到乙选择“打官司”还是“不打官司”的第三阶段，是子博弈的子博弈，称后面的子博弈是原博弈的“二级子博弈”。如图 6－1 中两层虚线框所示。

例如，对应图 6－1 所示的开金矿博弈，两个虚线框代表两个“子博弈”。下面应用逆推归纳法分析。

在最后的子博弈中，乙在“打官司”和“不打官司”中选择“打官司”，因为 1＞0，如图 6－2所示；这时甲在“分”与“不分”中选择“分”，因为 2＞0，如图 6－3 所示；第一阶段乙的选择是“借”。

用逆推归纳法导出的动态博弈的结果是由各阶段轮到行动的博弈方的一种行动依次构成的，在开金矿博弈中结果为{借，分}，是由乙在第一阶段的行动“借”，以及甲在第二阶段的行动“分”构成。当然，该博弈本来应该有三个阶段，但当甲在第二阶段选择“分”时，

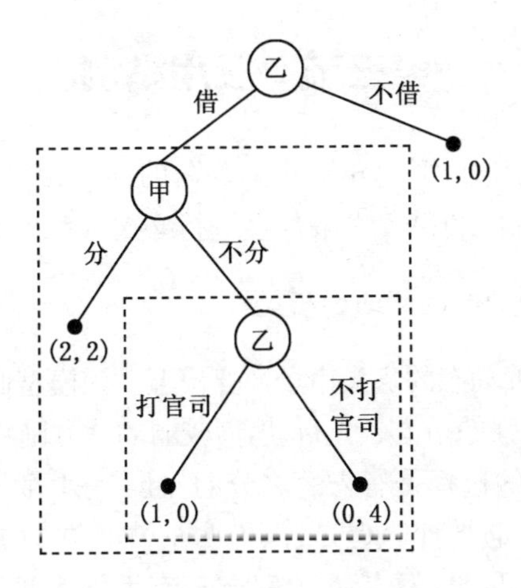

图 6—1　开金矿博弈的两级子博弈

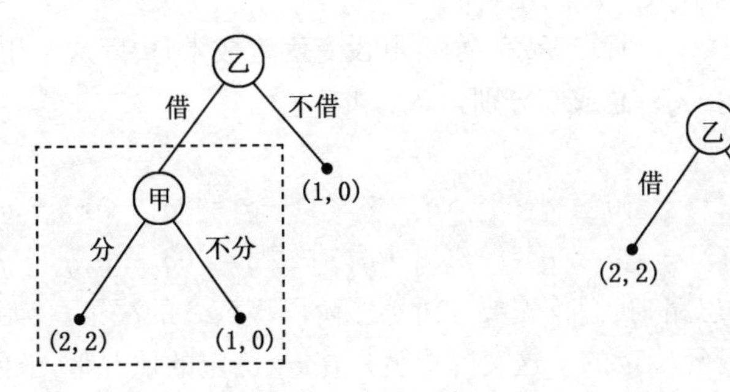

图 6—2　开金矿(守信)——逆推第一步

图 6—3　开金矿(守信)——逆推第二步

第三阶段就没有必要进行下去了,因此结果中只有两个阶段的行动。需要注意的是,乙的第三阶段虽然没有进行,但它是保证第二阶段甲选择行动"分"的关键,所以乙的战略中必须包含这个选择。

第二节　子博弈完美纳什均衡

有了子博弈的概念,我们引进适合动态博弈的新的均衡概念,它必须满足一方面是纳什均衡,从而具有战略稳定性,另一方面又不能包含任何的不会信守的许诺或威胁。这样的动态博弈的战略组合称为"子博弈完美纳什均衡"。

定义 6.2　如果动态博弈中各博弈方的策略在动态博弈本身和所有子博弈中都构成一个纳什均衡,则称该策略组合为一个"子博弈完美纳什均衡"。

"子博弈完美纳什均衡"是分析动态博弈,或者说完全且完美信息动态博弈的关键概念。而逆推归纳法正是(至少在完美信息动态博弈范围之内)寻找动态博弈的子博弈完美纳什均衡的基本方法。子博弈完美纳什均衡能够排除均衡策略中不可信的威胁或许诺,意味着每个阶段各博弈方的选择都是按最大利益原则决策的,因此在每个子博弈中都只能采用纳什均衡的策略或行动。

第三节 应用举例

在分析动态博弈的应用上，下面介绍几个著名的博弈模型。博弈问题中的经典模型是绕不过去的，几乎该领域内的每一本书都会进行必要介绍。

一、寡占的斯塔克博格(Stackelberg)模型

斯塔克博格模型是一种动态的寡头市场博弈模型。该模型假设寡头市场上的两个厂商中，一方较强一方较弱。较强的一方领先行动，而较弱的一方则跟在较强的一方之后行动。

由于该模型中两厂商的选择是有先后之分的，且后一厂商（跟随者）是看着前一厂商的选择的，因此这是一个动态博弈。但是，因为两个博弈方的决策内容是产量水平，而可能的产量水平有无限多个，因此，这是一个双方都有无限多种可能的选择的无限策略博弈。斯塔克博格模型与古诺模型相比，唯一的不同是前者有一个选择的次序问题，其他如博弈方、策略空间和得益函数等都是相同的。

价格函数：$P=P(Q)=8-Q$；产品完全相同（没有固定成本，边际成本相等）$c_1=c_2=2$；总产量（连续产量）$Q=q_1+q_2$；总成本分别为 $2q_1$ 和 $2q_2$。

得益函数：

$$u_1=q_1P(Q)-c_1q_1=q_1[8-(q_1+q_2)]-2q_1=6q_1-q_1q_2-q_1^2$$
$$u_2=q_2P(Q)-c_2q_2=q_2[8-(q_1+q_2)]-2q_2=6q_2-q_1q_2-q_2^2$$

根据逆推归纳法的思路，我们首先要分析第二阶段厂商 2 的决策。为此，我们先假设厂商 1 的选择为 q_1 是已经确定的。这实际上就是在 q_1 已定的情况下，求使 u_2 实现最大值的 q_2。它必须满足：

$$6-q_1-2q_2=0$$
$$q_2=\frac{1}{2}(6-q_1)=3-\frac{q_1}{2} \tag{6-1}$$

实际上，它就是厂商 2 对厂商 1 的策略的一个反应函数。厂商 1 知道厂商 2 的这种决策思路，因此他在选择 q_1 时就知道 q_2^* 是根据式(6−1)来确定的，因此可将式(6−1)代入他自己的得益函数，然后再求其最大值。

$$u_1(q_1,q_2^*)=6q_1-q_1q_2^*-q_1^2=6q_1-q_1(3-\frac{q_1}{2})-q_1^2$$
$$=3q_1-\frac{1}{2}q_1^2=u_1(q_1) \tag{6-2}$$

上式对 q_1 的导数为 0，可得 $3-q_1^*=0$，$q_1^*=3$，此时，$q_2^*=3-1.5=1.5$，双方的得益分别为 4.5 和 2.25。

与两寡头同时作出选择的古诺模型的结果相比，斯塔克博格模型的结果有很大的不同。它的产量大于古诺模型，价格低于古诺模型，总利润（两厂商得益之和）小于古诺模型。但是，厂商 1 的得益却大于古诺模型中厂商 1 的得益，更大于厂商 2 的得益。这是因为该模型中两厂商所处地位不同，厂商 1 具有先行的主动，而且他又把握住了理性的厂商 2总是会根据自己的选择而合理抉择的心理，选择较大的产量得到了好处。

结论：本博弈也揭示了这样一个事实，即在信息不对称的博弈中，信息较多的博弈方(如本博弈中的厂商 2，他在决策之前可先知道厂商 1 的实际选择，因此他拥有较多的信息)不一定能得到较多的得益。这一点也正是多人博弈与单人博弈的不同之处。

二、工会和厂商的博弈

里昂惕夫于 1946 年提出了一个工会和厂商之间关于工资和雇用的博弈模型。假设完全由工会决定工资，而厂商则根据工资的高低决定雇用工人的数量。假设工会和厂商之间关于工资率和雇用数的博弈过程是这样的：首先由工会决定工资率，然后厂商根据工会决定的工资率决定雇用多少劳动者，工会和厂商选择的内容分别是工资率和雇用数。

工会的效用必然是工资 W 和雇用人数 L 的函数，即 $u(W,L)$。

假设收益是劳动者雇用数 L 的函数 $R(L)$，厂商的利润也是工资率和劳动雇用数的函数：

$$\pi=\pi(W,L)=R(L)-WL$$

工会和厂商的得益：效用 $u(W,L)$ 和利润 $\pi(W,L)$。

我们用逆推归纳法来解这个博弈，第一步先求第二阶段(最后一阶段)厂商对工会的工资率 u 的反应函数 $L(W)$，应该是厂商利润最大值问题的解。

$$\max_{L\geqslant 0}\pi(W,L)=\max_{L\geqslant 0}[R(L)-WL]\text{，对 }L\text{ 的导数为零，}R'(L)-W=0$$

经济意义是厂商增加雇用的边际收益(雇用最后一个单位劳动所能增加的收益)要等于工资率(边际成本)。如图 6－4 所示，在 $L^*(W)$处，$R(L)$与 WL 的距离最大，而这一距离当然就是厂商的利润。

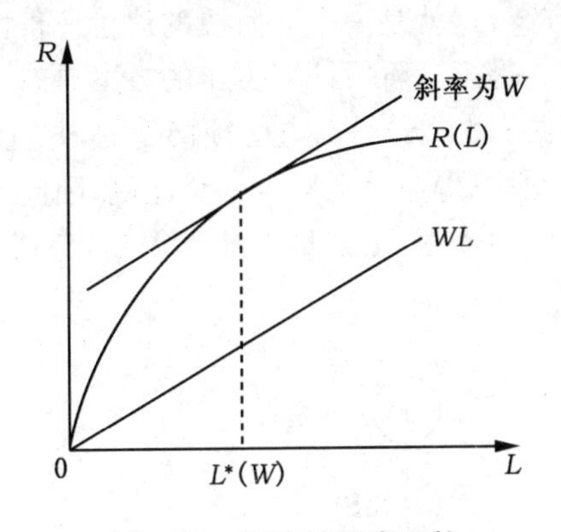

图 6－4　厂商的反应函数

第二步回到第一阶段工会面临的选择。由于工会了解厂商的决策规则和方法，因此它完全清楚对应自己的每种工资率 W，厂商将会选择的雇用数一定是 $L^*(W)$。

工会需要解决的决策问题就变成如下的最大值问题，即如何选择 W^*，使它满足：

$$\max_{W\geqslant 0}[W,L^*(W)]$$

该博弈的均衡解就是$[W^*,L^*(W^*)]$，因为该路径中不包含任何威胁或不会守信诺言，所以，它是一个子博弈完美纳什均衡。根据工会的效用函数作出它在 W 和 L 之间的无差异曲线，如图 6－5 所示，越是位置高的无差异曲线代表工会的效用越高。

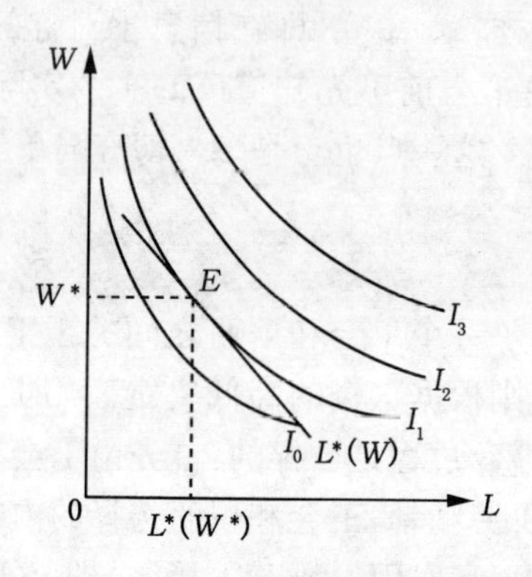

图 6-5 工会的无差异曲线

三、讨价还价博弈

假设有两个人就如何分割 1 万元进行谈判,并且已经定下了这样的规则:首先由博弈方 1 提出一个分割比例,对此,博弈方 2 可以接受也可以拒绝;如果博弈方 2 拒绝博弈方 1 的方案,则他自己应提出另一个方案,让博弈方 1 选择接受与否。如此循环下去。在上述循环过程中,只要有任何一方接受对方的方案,博弈就告结束,而如果方案被拒绝,则被拒绝的方案就与以后的讨价还价过程不再有关系。

由于谈判费用和利息损失等,双方的得益都要打一次折扣,折扣率为 $\delta(0<\delta<1)$,我们称其为消耗系数。如果限制讨价还价最多只能进行三个阶段,即到第三阶段,博弈方 2 必须接受博弈方 1 提出的方案,这就是一个三阶段的讨价还价博弈。

本博弈有两个关键点:一是第三阶段博弈方 1 的方案是有强制力的,即进行到这一阶段,博弈方 1 提出的分割 $S:(S,1-S)$ 是双方必须接受的,并且对这一点两个博弈方都非常清楚。二是多进行一个阶段总得益就会减少一个比例,因此对双方来说,让谈判拖得太久是不利的,必须让对方得到的数额,不如早点让其得到,免得自己的得益每况愈下。如图 6-6 所示。

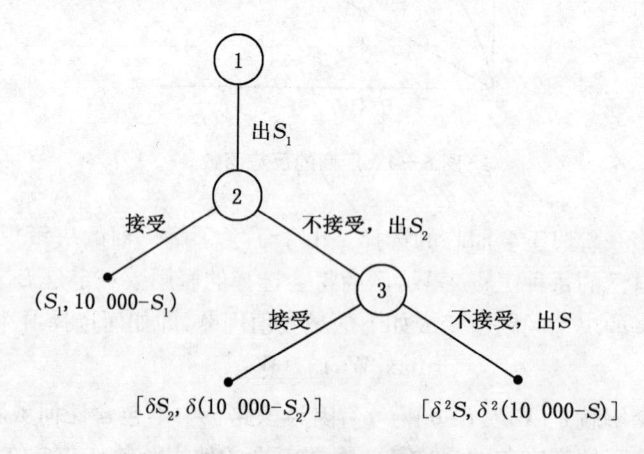

图 6-6 三阶段讨价还价

下面是对三阶段谈判博弈时序更为详细的介绍：

在第一阶段开始时，博弈方 1 建议自己分得 1 万元中的 S_1，留给博弈方 2 的份额为 $1-S_1$；博弈方 2 或者接受这一条件（这种情况下，博弈结束，博弈方 1 的收益为 S_1，博弈方 2 的收益为 $1-S_1$），或者拒绝这一条件（这种情况下，博弈将继续进行，进入第二阶段）。

在第二阶段开始，博弈方 2 提议博弈方 1 分得 1 万元中的 S_2，留给博弈方 2 的份额为 $1-S_2$（请注意，在阶段 t，S_t 总是表示分给博弈方 1 的，而不论是谁先提出的条件）；博弈方 1 或者接受条件（这种情况下，博弈结束，博弈方 1 的收益为 S_2 博弈方 2 的收益为 $1-S_2$），或者拒绝这一条件（这种情况下，博弈继续进行，进入第三阶段）。

在第三阶段开始，博弈方 1 得到 1 万元的 S，博弈方 2 得到 $1-S$，这里 $0<S<1$。

用逆推归纳法解出此三阶段博弈的解。首先分析博弈的第三阶段。博弈方 1 提出的条件，博弈方 2 必须接受，通常他会独得 1 万元。假定博弈方 1 得到 S，博弈方 2 得到 $1-S$，这时的得益分别为 $\delta^2 S$，$\delta^2(1-S)$。

逆推到博弈的第二阶段，博弈方 2 怎样提出最优条件，才能使自己的得益最大？如果博弈方 2 提出的条件使博弈方 1 的得益小于第三阶段的得益，那么博弈方 1 一定会拒绝博弈方 2 在这一阶段的条件，博弈进行到第三阶段。博弈方 2 提出的条件 S_2 既要满足博弈方 1 接受，又要使自己的得益比在第三阶段的得益大，才是最优的条件。S_2 应满足博弈方 1 的得益 $\delta S_2=\delta^2 S$，即 $S_2=\delta S$。这时博弈方 2 的得益为 $\delta(1-\delta S)=\delta-\delta^2 S$。因为 $0<\delta<1$，该得益比第三阶段的得益 $\delta^2(1-S)$ 要大一些。

回到第一阶段博弈方 1 的情况，他在一开始就知道第三阶段的得益是 $\delta^2 S$，也知道第二阶段博弈方 2 的战略。他在第一阶段的最优条件就是 $1-S_1=\delta-\delta^2 S$，即 $S_1=1-\delta+\delta^2 S$，是这个博弈的子博弈完美纳什均衡。

这个博弈的问题和结果，在经济活动中有很多现实的例子，如利益的分配、债务纠纷、财产继承权的争执等。

四、国际竞争和最优关税

现在我们对前面所讨论的博弈类型加以丰富。在完全且完美信息动态博弈中，继续假定博弈的进行分为一系列的阶段，在下一阶段开始前，博弈方可观察到前面所有阶段的行动。不同之处在于，这种模型在某个阶段中存在着同时行动。我们主要讨论两阶段各有两个博弈方同时选择的动态博弈，更多阶段和更多博弈方不过是两阶段的简单推广。一般来说，我们假设：

(1)博弈中有四个博弈方 1、2、3、4。

(2)博弈方 1 和博弈方 2 在第一阶段同时在各自的可选策略集合 A_1 和 A_2 中分别选择 a_1 和 a_2。

(3)博弈方 3 和博弈方 4 在看到博弈方 1 和博弈方 2 的选择 (a_1, a_2) 以后，在第二阶段中，同时在各自的可选策略集合 A_3 和 A_4 中分别选择 a_3 和 a_4。

(4)所有博弈方的得益都取决于 a_1、a_2、a_3 和 a_4，博弈方 i 的得益为 $u_i(a_1, a_2, a_3, a_4)$，是各博弈方策略的函数。

许多经济学问题符合以上的特点，经典的例子如银行挤兑、国际竞争和最优关税、工作竞争等。很多经济问题可以在上述条件稍加变动后建立模型。解决这类问题的方法仍然是逆向归纳的思想。下面我们以国际竞争和最优关税博弈为例来讨论这种具有同时选择的动态博弈,这是博弈理论在国际经济学中的应用。

假设我们讨论的是两个相似的国家,我们分别称其为国家1和国家2,国家1和国家2在本博弈中作为博弈方确定对进口商品征收关税的税率。

再假设两国各有一个企业(可看作是国内所有企业的集合体),生产着既内销又出口的相互竞争的商品,我们称其为企业1和企业2。两国的消费者在各自的国内市场上购买国货或进口货。

国家 i 市场上的商品总量:Q_i,则市场出清价格:$P_i(Q_i)=a-Q_i$,$i=1,2$。

企业 i 生产 h_i 供内销和 e_i 供出口,因此 $Q_i=h_i+e_j$,$i,j=1,2$,当 $i=1$ 时,$j=2$;当 $i=2$ 时,$j=1$。

再假设两企业的边际生产成本同为常数 c,且都无固定成本,则企业 i 的生产总成本为 $c(h_i+e_i)$。当企业出口时,因为进口国征收的关税也是它的成本,设国家 j 的关税率为 t_j,企业 i 的出口成本为 $ce_i+t_je_i$,国内销售成本仍为 ch_i。

假设首先由两国政府同时制定关税率 t_1 和 t_2,然后企业1和企业2根据 t_1 和 t_2,同时决定内销和出口产量 h_1、e_1 和 h_2、e_2。

企业的利润:

$$\begin{aligned}\pi_i&=\pi_i(t_i,t_j,h_i,h_j,e_i,e_j)=P_ih_i+P_je_i-c(h_i+e_i)-t_je_i\\&=[a-(h_i+e_j)]h_i+[a-(e_i+h_j)]e_i-c(h_i+e_i)-t_je_i\end{aligned}$$

国家作为参与人的得益则是它们所关心的社会总福利,包括消费者剩余、本国企业的利润和国家的关税收入三部分:

$$w_i=w_i(t_i,t_j,h_i,h_j,e_i,e_j)=\frac{1}{2}(h_i+e_j)^2+\pi_i+t_ie_j$$

从第二阶段开始,假设两国已选择关税率分别为 t_1 和 t_2,则如果$(h_1^*,e_1^*,h_2^*,e_2^*)$是在设定 t_1 和 t_2 情况下两企业之间的一个纳什均衡,那么(h_i^*,e_i^*)必须是下列最大值问题的解:

$$\max_{h_i,e_i\geqslant 0}\pi_i(t_i,t_j,h_i,h_j^*,e_i,e_j^*)$$

由于利润可以分成企业在国内市场的利润和国外市场的利润两部分之和,且国内市场的利润取决于 h_i 和 e_j^*,国外市场的利润取决于 e_i 和 h_j^*,因此,上述最大值问题就可分解为下列两个最大值问题:

$$\max_{h_i\geqslant 0}\{h_i[a-(h_i+e_j^*)-c]\}$$

$$\max_{e_i\geqslant 0}\{e_i[a-(e_i+h_j^*)-c]-t_je_i\}$$

假设 $e_j^*\leqslant a-c$,从(6-3)式解得:

$$h_i^*=\frac{1}{2}(a-e_j^*-c) \tag{6-3}$$

假设 $h_j^*\leqslant a-c-t_j$,从(6-4)式解得:

$$e_i^*=\frac{1}{2}(a-h_j^*-c-t_j) \tag{6-4}$$

由于式(6-3)和式(6-4)对 $i=1,2$ 和 $j=2,1$ 成立,得到四个方程的联立方程组,解得:

$$h_i^*=\frac{1}{3}(a-c+t_i)\quad e_i^*=\frac{1}{3}(a-c-2t_j)$$

其中，$i=1,2$ 和 $j=2,1$，这是两企业第二阶段静态博弈的纳什均衡。

如果没有关税，则本博弈就相当于是国内和国外两个市场的古诺模型，两企业在两市场的均衡产量都为$(a-c)/3$，与古诺模型的均衡产量完全一样。由于有关税存在，一国的关税具有保护本国企业、提高本国企业国内市场占有率、打击外国企业的作用，也是世界各国普遍设置关税，想要提高本国关税的主要原因。

现在我们回到第一阶段两个国家之间的博弈，即两个国家同时选择 t_1 和 t_2。因为国家 1 和国家 2 都清楚两国企业的决策方法，即知道当它们选定 t_1 和 t_2 以后，两企业的均衡一定是$(h_1^*,e_1^*,h_2^*,e_2^*)$，因此，两国的得益为 $w_i=w_i(t_1,t_2,h_1^*,e_1^*,h_2^*,e_2^*)$。为了方便起见，我们简单地用 $w_i=w_i(t_1,t_2)$，$i=1,2$ 来表示上述两国的得益。

$$w_i(t_i,t_j^*)=\frac{[2(a-c)-t_i]^2}{18}+\frac{(a-c+t_i)^2}{9}+\frac{(a-c-2t_j^*)^2}{9}+\frac{t_i(a-c-2t_j^*)}{3}$$

国家 i 要选择 t_i^*，满足上式达到最大，令导数为 0 时，解得：

$t_i^*=\frac{a-c}{3}$对 $i=1,2$ 成立，两国的最佳关税都是 $t_1=t_2=\frac{a-c}{3}$

最佳内销和出口产量选择：

$$h_i^*=\frac{4(a-c)}{9},e_i^*=\frac{a-c}{9},i=1,2$$

这就是两企业在第二阶段的最佳内销和出口产量选择。这是一个子博弈纳什均衡解。

第四节　颤抖手均衡

在动态博弈中，逆推归纳法是求解纳什均衡的有效方法，但值得注意的是，逆推归纳法只有在博弈问题的基本信息完全且完备的条件下，才可以发挥作用。即每一个博弈方都拥有其他博弈方的特征、策略及得益函数等方面的准确信息，且后行动的博弈方可以观测到先行动的博弈方的行动。然而，现实中这样的条件很难达到，尽管这些关于博弈信息的苛刻条件均能达到，逆推归纳法也不能分析比较复杂的动态博弈。由于逆推归纳法是从动态博弈的最后阶段开始对每种可能路径进行比较，因此适用范围是人们有能力进行比较判断的选择路径数量，包括数量不大的离散策略，或者有连续得益函数的连续分布策略，所以很多复杂且真实存在的博弈模型不得不被简化分析，否则无法分析。另外，在两条路径利益相同的情况时，逆推归纳法也会发生选择困难，无法确定唯一的最优路径，过程会在这里中断。逆推归纳法对博弈方的理性要求非常高，不仅要求所有博弈方都有高度的理性，不允许犯任何错误，而且要求所有博弈方相互了解和信任对方的理性，对理性有相同的理解，或进一步有“理性的共同知识”，这是很难实现的。如果博弈方出现了非理性的偏差，情况会发生怎样的变化？

下面我们以一个三阶段的动态博弈模型为例，展示博弈方可能会出现的非理性行为以及导致的结果。

如图 6－7 所示，这是一个简单的动态博弈模型，具有三阶段博弈行动，且由博弈方 1 先进行行动。应用逆推归纳法，从最后一个阶段开始，通过对各级子博弈进行搜寻，可得最优博弈路径：博弈方 1 在第一阶段选择 L，博弈即结束。然而，若存在博弈方产生行为偏差，即非完全理智，不妨假设博弈方 1 在第一轮选择了 R，则此时博弈的结果会产生什么变化呢？

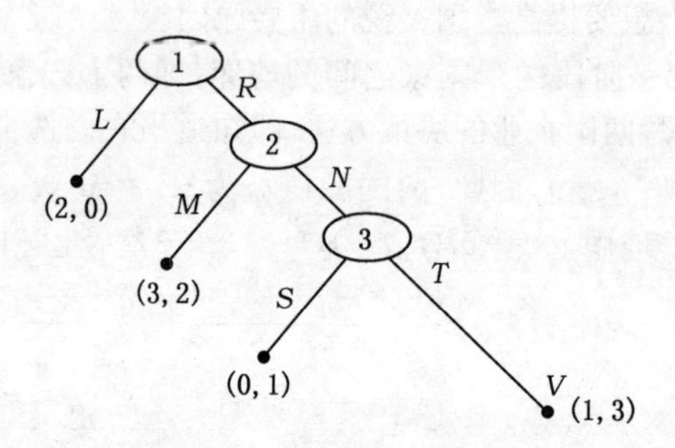

图 6－7 三阶段动态博弈模型的非理性行为及后果

如果接下来博弈双方仍然严格按照“理智”的定义（即个人得益最大化来进行决策）进行决策，那么博弈方 2 将选择 N，博弈方 1 将选择 T，本场博弈以双方博弈分别为单位 1 和单位 3 结束。但是，在博弈方 1 选择了 R 以后，博弈方 2 还能相信他的行为是理智的吗？很有可能，博弈方 2 会为了避免博弈方 1 再次失去理智而导致自己利益受到更大损害，而直接于第二轮选择 M，让博弈终止。

分析博弈方 1 的非理性行为偏差到底是怎样产生的，一种可能是随机性的偶然行为误差使得博弈方 1 错误选择了行动 R，这是一种解释。另外还存在着这样一种可能，即博弈方 1 极其聪明地故意选择了 R，因为他希望利用博弈方 2 规避对手理智缺陷的心理，令博弈方 2 选择 M，从而增大自己的得益，可以从得益单位 2 增长至单位 3。如果是这种情况，博弈方 1 不仅没有偏离理性人的原则，而是更加“聪明”了。

可见，对于不同的“犯错”原因，应该采取不同的有效对策，对行为偏差的性质判断，正是解决其引出的负面效应的根本基础。怎样理解对手的错误？如何分析和判断对方的错误原因，继而选择有利于自己的策略，需要寻找针对这类有限理性博弈的解决方法。

一、颤抖手均衡分析

为了理解有限理性的博弈方的偏离行为，泽尔腾在 1975 年提出“颤抖”概念。他将非均衡事件的发生解释为“颤抖”，即当博弈方突然发现一件不该发生的事件发生时（此时博弈偏离均衡路径），他将此事件的发生归结为某一其他博弈方的非蓄意错误。但是，当某博弈方为了扩大自身利益，而故意做出的非理性行为，则不能理解为“颤抖”。

在处理有限理性下的动态博弈时，我们不仅需要寻找其纳什均衡，而且由于博弈方随时可能产生理性偏差，所以希望在以微小的概率产生偏差时，该纳什均衡仍是双方最好的选择，这便引出了“颤抖手均衡”的概念。

规范起见，我们给出“颤抖手均衡”的定义。

定义 6.3　对于一个给定的博弈以及该博弈的一个策略组合，当且仅当任何博弈方以非常微小的概率产生任何行为偏差均不会影响其他博弈方的策略选择（即其他博弈方的策略仍是能为其提供最大得益期望）时，该策略组合为这个博弈的一个“颤抖手均衡”。

那么如何判别一个纳什均衡是“颤抖手均衡”？现对一个简单的动态博弈模型（如图 6—8所示）进行策略均衡分析，得到分析颤抖手均衡的一般方法。

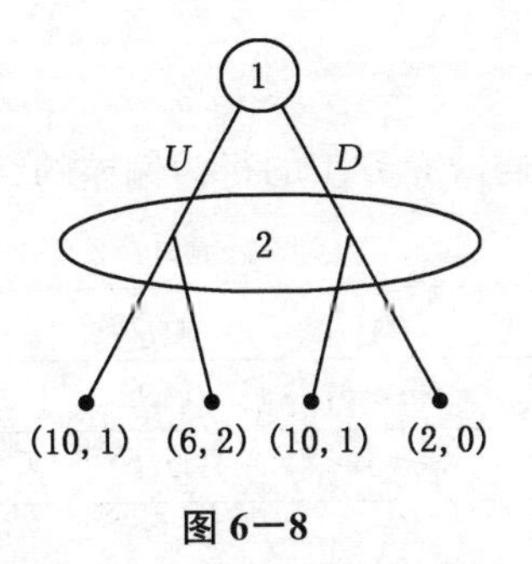

图 6—8

为方便分析，将本扩展型博弈转化为由得益矩阵表示，如图 6—9 所示：

博弈方2

		L	R
博弈方1	U	10，0	6，2
	D	10，1	2，0

图 6—9

从博弈矩阵中寻找纳什均衡，运用划线法可以得到，此博弈有两个纯策略纳什均衡，策略组合{D,L}和{U,R}都是纳什均衡。然而，这两个纳什均衡中，只有一个是稳定的均衡状态。事实上，{U,R}是一个“颤抖手均衡”，而{D,L}并不是。

我们首先分析纳什均衡{U,R}，分别分析博弈方 1 和博弈方 2 的得益情况。分析博弈方 1 采取行为规避博弈方 2 的行为偏差的结果，可以见图 6—10 所示：

博弈方 1

		概率	行动	不行动	得益差
博弈方 2	无偏差	$1-p_2$	(D,R)	(U,R)	−4
	偏差	p_2	(D,L)	(U,L)	1

图 6—10

对图 6—10 作出如下说明：

(1)博弈方 1 的采取行动表现为其决策由 U 改为 D；

(2)博弈方 2 的行为偏差表现为其决策由 R 变为 L；

(3)p_2表示博弈方 2 产生行为偏差的概率；

(4)考察的得益差为博弈方1采取行动比不采取行动获得的收益增量(为负则表示损失);

(5)当得益差期望为正时,说明采取行动是有益的;更进一步来说,若p_2取较小数值时得益差期望为正,说明采取行动是必要的。

由图6—10可以直观得到,博弈方1的得益差期望为:

$$E_1=-4\times(1-p_2)+1\times p_2$$

该期望为正的条件为:

$$p_2>80\%$$

分析博弈方2采取行为规避博弈方1的行为偏差的结果,如图6—11所示:

博弈方2

博弈方1		概率	行动	不行动	得益差
	无偏差	$1-p_1$	(U,L)	(U,R)	-2
	偏差	p_1	(D,L)	(D,R)	1

图6—11

同样对图6—11作出如下说明:

(1)博弈方2的采取行动表现为其决策由R改为L;

(2)博弈方1的行为偏差表现为其决策由U变为D;

(3)p_1表示博弈方1产生行为偏差的概率;

(4)考察的得益差为博弈方2采取行动比不采取行动获得的收益增量(为负则表示损失);

(5)当得益差期望为正时,说明采取行动是有益的;更进一步来说,若p_1取较小数值时得益差期望为正,说明采取行动是必要的。

由图6—11可知,博弈方2的得益差期望为:

$$E_2=-2\times(1-p_1)+1\times p_1$$

该期望为正的条件为:

$$p_1>67\%$$

把博弈方1和博弈方2的得益情况分析综合起来,博弈双方分别在对方以大于50%的概率下产生行为偏差时,采取避险行为才会带来正效应,也即当对方以小概率产生非理性行为并不影响自身策略的最优性,这满足了“颤抖”的稳定性要求,所以纳什均衡$\{U,R\}$为颤抖手均衡。

使用同样的方法来分析纳什均衡$\{D,L\}$。

博弈方1采取行为规避博弈方2的行为偏差的结果,如图6—12所示:

博弈方1

博弈方2		概率	行动	不行动	得益差
	无偏差	$1-p_2$	(U,L)	(D,L)	0
	偏差	p_2	(U,R)	(D,R)	4

图6—12

博弈方 1 的得益差期望为：$E_1=0\times(1-p_2)+4\times p_2$，且期望恒为正。

博弈方 2 采取行为规避博弈方 1 的行为偏差的结果，如图 6—13 所示：

博弈方 2

博弈方 1		概率	行动	不行动	得益差
	无偏差	$1-p_1$	(D,R)	(D,L)	-1
	偏差	p_1	(U,R)	(U,L)	2

图 6—13

由图 6—13 得到，博弈方 2 的得益差期望为：

$$E_2=-1\times(1-p_1)+2\times p_1$$

博弈方 2 的期望为正的条件为：

$$p_1>33\%$$

此时博弈方 1 的得益差始终为正，即无论如何博弈方 1 改变策略一定能为自己带来正效应，所以纳什均衡$\{D,L\}$在有限理性下不具有稳定性，不满足"颤抖手均衡"对每个博弈方在对方小概率偏差下保持最优策略稳定性的要求，不属于"颤抖手均衡"。

但是，当我们将以上的得益矩阵稍加改动成为图 6—14 的情形时，纳什均衡$\{D,L\}$就会变成"颤抖手均衡"。

博弈方2

博弈方1		L	R
	U	9，0	6，2
	D	10，1	2，0

图 6—14

在图 6—14 的情况下，博弈方 1 采取行为规避博弈方 2 的行为偏差的结果变为如图 6—15所示的情形：

博弈方 1

博弈方 2		概率	行动	不行动	得益差
	无偏差	$1-p_2$	(U,L)	(D,L)	-1
	偏差	p_2	(U,R)	(D,R)	4

图 6—15

这时，博弈方 1 的得益差期望为：$E_1=-1\times(1-p_2)+4\times p_2$，并不是非恒为正的情况，且该期望为正的条件为：$p_2>20\%$，仍是一个很大的概率。

纳什均衡$\{D,L\}$就满足"颤抖手均衡"的条件。

结合实例分析，我们已介绍一种在有限理性下判别纳什均衡是否为"颤抖手均衡"的方法，下面对操作步骤进行简要归纳：

第一步:分析各博弈方采取行为规避其他博弈方行为偏差的关于策略组合和得益的结果,并将以上结果制图列出。

第二步:计算出各博弈方的得益差期望,以及期望取正的概率条件。

第三步:判别是否对于所有博弈方,均满足小概率下保持最优稳定性的要求,如果能够,即可判定"颤抖手均衡"。

此外,"颤抖手均衡"不仅可以应用于动态博弈,还可以应用于讨论分析更复杂的博弈模型。

二、Van Damme 博弈

Van Damme 发现了"颤抖手均衡"方法的不足,在 1989 年设计了 Van Damme 博弈模型,并且给出了另一种理解和处理有限理性问题的方法。

我们将"颤抖手均衡"方法应用于 Van Damme 博弈模型中。如图 6－16 所示,Van Damme 模型可被看作是一个动态博弈和一个简单静态博弈的复合。此模型决策进行的步骤是:先由博弈方 1 进行决策,若选择 U,博弈以双方得益均为单位 2 结束;如果博弈方 1 选择 R,则博弈进入静态阶段,由博弈方 1 和博弈方 2 同时进行决策。

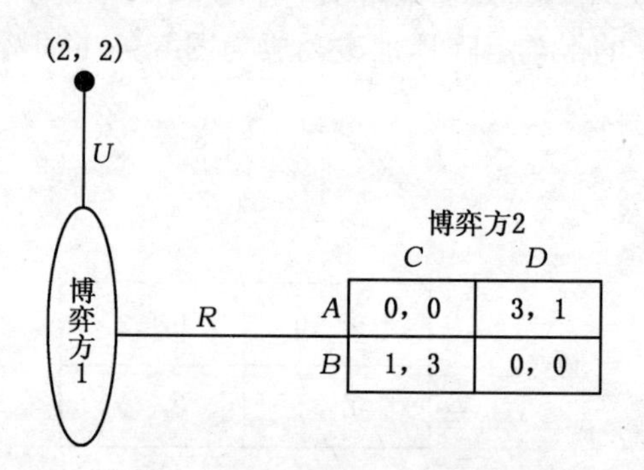

图 6－16 Van Damme 博弈

首先寻找本博弈的纳什均衡。对于第二阶段的静态博弈,直观可见有两个纯策略纳什均衡,即$\{B,C\}$及$\{A,D\}$,以及一个混合策略纳什均衡,即$\left\{\left(\frac{3}{4},\frac{1}{4}\right),\left(\frac{3}{4},\frac{1}{4}\right)\right\}$,在这里我们只关心纯策略均衡。将静态博弈的纳什均衡看作是第一阶段动态博弈的子博弈均衡,由于决策组合$\{B,C\}$为博弈方 1 提供的收益小于路径 U,$\{A,D\}$为博弈方 1 提供的收益大于路径 U,运用逆推归纳法分析,最终得到整个博弈模型的最优路径为$\{UB,C\}$和$\{RA,D\}$。

下面分别讨论这两条最优路径的稳定性,即是否为"颤抖手均衡"。为了讨论方便起见,将复合博弈模型转化为得益矩阵表示的策略模型,如图 6－17 所示。事实上,博弈方 1 的策略 U 包含了两项策略 UA、UB,但由于它们带来的收益相同,便不再区分。

运用前面介绍的"颤抖手均衡"分析方法,首先分析纳什均衡$\{RA,D\}$。

博弈方 1 采取行为规避博弈方 2 的行为偏差的结果,如图 6－18 所示。

博弈方2

		C	D
	U	2，2	2，2
博弈方1	RA	0，0	3，1
	RB	1，3	0，0

图 6－17

博弈方 1

博弈方 2		概率	行动		不行动	得益差	
			$RA \to U$	$RA \to RB$		$RA \to U$	$RA \to RB$
	无偏差	$1-p_2$	(U,D)	(RB,D)	(RA,D)	-1	-3
	偏差	p_2	(U,C)	(RB,C)	(RA,C)	2	1

图 6－18

对于两种不同的避险行动，博弈方 1 的得益差期望分别为：

$E_1\{RA \to U\}=-1\times(1-p_2)+2\times p_2$，该期望为正的条件为：$p_2>33\%$。

$E_1\{RA \to RB\}=-3\times(1-p_2)-1\times p_2$，该期望为正的条件为：$p_2>75\%$。

博弈方 2 采取行为规避博弈方 1 的行为偏差的结果，可用图 6－19 表示：

博弈方 2

博弈方 1			概率	行动	不行动	得益差
			$1-p_{11}-p_{12}$	(RA,C)	(RA,D)	-1
	无偏差	$RA \to U$	p_{11}	(U,C)	(U,D)	0
	偏差	$RA \to RB$	p_{12}	(RB,C)	(RB,D)	3

图 6－19

博弈方 2 的得益差期望为：

$$E_2=-1\times(1-p_{11}-p_{12})+3\times p_{12}$$

该期望为正的条件为：

$$p_{11}+4\,p_{12}>100\%$$

综上分析，博弈双方均在对方以小概率发生行为偏差时保持决策最优稳定性，所以纳什均衡$\{RA,D\}$为“颤抖手均衡”。

对于纳什均衡$\{UB,C\}$，运用“颤抖手均衡”分析方法，发现这种解释有问题，方法可能失效了。

博弈方 1 采取行为规避博弈方 2 的行为偏差的结果，可以用图 6－20 表示。

		博弈方1				
	概率	行动		不行动	得益差	
		$U\to RA$	$U\to RB$		$U\to RA$	$U\to RB$
博弈方2 无偏差	$1-p_2$	(RA,C)	(RB,C)	(UB,C)	-2	-1
偏差	p_2	(RA,D)	(RB,D)	(UB,D)	1	-2

图 6—20

对于两种不同的避险行动，博弈方1的得益差期望分别为：

$E_1\{U\to RA\}=-2\times(1-p_2)+1\times p_2$，该期望为正的条件为：$p_2>67\%$。

$E_1\{U\to RB\}=-1\times(1-p_2)-2\times p_2$，恒为负。

博弈方2采取行为规避博弈方1的行为偏差的结果，可以用图6—21表示：

		博弈方2			
		概率	行动	不行动	得益差
博弈方1		$1-p_{11}-p_{12}$	(UB,D)	(UB,C)	0
无偏差	$U\to RA$	p_{11}	(RA,D)	(RA,C)	1
偏差	$U\to RB$	p_{12}	(RB,D)	(RB,C)	-3

图 6—21

博弈方2的得益差期望为：

$$E_2=1\times p_{11}-3\times p_{12}$$

所以，期望为正的条件只需：

$$\frac{p_{11}}{p_{12}}>3$$

综上对于纳什均衡$\{UB,C\}$的分析，就博弈方1采取行为规避博弈方2的偏差这个方向来说，博弈方1的策略选择是具有稳定性的；然而，对于博弈方2采取行为规避博弈方1的偏差这个方向，由于得益差期望为正的条件为一个比例不等式，任何大于0的偏差概率都会导致最终正的得益差，所以已不适用于常规的"颤抖手均衡"判别方法。这种情形可以认为是博弈方故意犯错，"颤抖手均衡"的方法不适合这种情况的判别和分析。

针对故意犯错的情况，Van Damme在1989年给出了另一种理解和处理有限理性问题的方法，称为"顺推归纳法"。

根据博弈方前面阶段的行为特点，特别是有意偏离均衡路径的行为，分析推断博弈方的思路和想法，为后面阶段的博弈提供策略选择的依据，这种分析方法称为"顺推归纳法"，主要是针对博弈方故意偏离子博弈完美纳什均衡。

三、蜈蚣博弈

动态博弈的复杂性，远比我们掌握的分析方法要广泛得多。Rosenthalzai(1981)提出了一个动态博弈，如图6—22所示，从博弈的表示上看像一只蜈蚣，因此得名"蜈蚣博弈"。

这是两个博弈方轮流出策、多阶段的动态博弈，有198个阶段，数组中前一个数字是

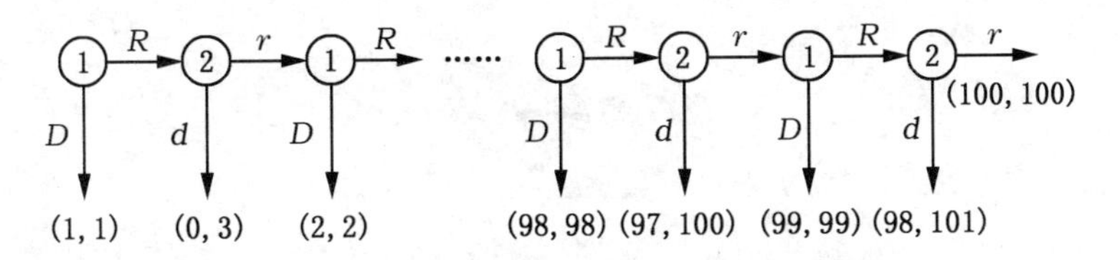

图 6－22　蜈蚣博弈

博弈方 1 的得益，后一个是博弈方 2 的得益。

运用逆推归纳法分析，对于完全理性人的情况，逆推到第一阶段，没有开始就结束了。蜈蚣博弈的经典在于，大量的实验证明理论的预测和实验的结果是不相符合的。

因为博弈中有潜在的合作倾向，但并不是一定会合作到最后一个阶段。逆推归纳法或许在某个时刻发挥作用。蜈蚣博弈的长短对合作的可能性有很大的影响，一般长度与合作可能性呈正比。

第七章

重复博弈

前面几章讨论的博弈，大多是建立在博弈进行一次的情况下。在一次博弈的基础上，讨论得益结果的可能性。如果博弈是重复进行的话，与一次博弈的情况有很大差别，得益的情况也有很大的差异。如著名的“囚徒困境”博弈中，策略“坦白”是每个博弈方的严格占优策略，把对手送进去是最优选择，博弈到此结束。5 年以后，博弈双方都“刑满释放”，出狱后再见怎么办？如《基督山伯爵》中的主人公唐泰斯出狱后报复仇人的故事。本章讨论的问题就是如果博弈是重复进行的，怎样在整个过程中实现得益最大化的博弈结果。重复博弈是指基本博弈重复进行构成的博弈过程，虽然重复博弈形式上是基本博弈的重复进行，但博弈方的行动和博弈结果并不是基本博弈的简单重复。重复博弈又可以看成是一个动态过程，所以重复博弈与静态博弈和动态博弈都有关系。但是，重复博弈和动态博弈有很大的不同，动态博弈是一个阶段和下一个阶段紧密相连，重复博弈的每个阶段是独立的，后面的阶段不受前面阶段的影响。比如，商业活动中的回头客，重复博弈中有信誉和信任的因素在其中左右博弈方的再次博弈。每个博弈方不仅要关心近期的得益情况，而且也要关注长期的得益情况，以期得到长期合作后的更大收益。

重复博弈中，博弈方为了获得信誉，以便在重复合作中获得较大的收益，要彼此信任，建立长期的合作关系。但是，一旦有更大利益摆在面前，人们往往利欲熏心，道德在巨大的利益面前往往显得苍白无力。在重复博弈中，可以从以往的合作中，观察分析对手的特点，采取有利的策略。在不同阶段，针对不同的情况，采取有利的措施。一旦对方有异常情况，及时采取报复手段，确保自己的利益。

第一节　重复博弈的概念

重复博弈是以一次性的静态博弈，或者动态博弈为基本博弈并反复进行的过程。重复博弈要重复进行，属于动态博弈，每一次重复博弈，就是一个阶段。动态博弈的子博弈的概念和逆推归纳法也适用于重复博弈。一般按照博弈的次数分为有限重复博弈和无限重复博弈。

一、重复博弈的定义

通常的重复博弈是在基本博弈的基础上，重复两三次，或者有限次。这种长度有限、有预定的结束期限的博弈，称为有限重复博弈。

定义 7.1　给定一个博弈 G，重复进行 T 次，并且在每次重复之前各博弈方都能观察到以前博弈的结果，这样的博弈过程称为 G 的一个"T 次重复博弈"，记为 $G(T)$；而 G 则称为 $G(T)$ 的原博弈。$G(T)$ 的每次重复称为 $G(T)$ 的一个阶段。

一个基本博弈 G 一直重复博弈下去的博弈，记为 $G(\infty)$，称为无限次重复博弈。

动态博弈的路径和各博弈方的一系列的策略组合相对应，路径是由各个阶段的博弈方的行动轮流连接形成；重复博弈的路径是由每个博弈方在每个重复阶段的策略组合串联形成，对应上一个阶段的每一种得益结果，下一个阶段的得益结果对应的是原博弈的策略组合总数目，呈几何级数增长。比如，原博弈有 4 种策略组合，博弈重复两次就有 16 条博弈路径，若博弈的策略组合数目，或者重复的次数较多，博弈路径数目就会多得惊人。在众多的博弈路径中寻找稳定的纳什均衡路径，是重复博弈要解决的问题。

二、重复博弈的策略

重复博弈可以看作是特殊的动态博弈。动态博弈中，博弈方的行动是有先后次序的，后博弈方可以根据前面博弈进行的情况，相应地选择确定对自己有利的下一步策略行动。比如，囚徒困境博弈，看前面阶段的博弈情况，分析判断对手的情况，选择自己下一阶段采取合作策略还是背叛策略。这种策略称为依存策略或者相机策略（contingent strategies）。在重复博弈中，博弈方初次博弈时，互相试探，先采取合作策略，发现对方不合作，采取不合作策略来报复，这种情况下的策略，称为触发策略（trigger strategies）。一个博弈方采用触发策略的含义是，只有对方一直采用合作策略，该博弈方也一直采用合作策略；当对方在某一个阶段采用背叛策略，激怒了该博弈方，则触发该博弈方后面的博弈中采用不合作策略，或许永远不合作，以此惩罚对方。冷酷策略（grim strategies）和礼尚往来策略（tit for tat strategies）都属于触发策略范畴。

触发策略包含着威胁、惩罚和报复，是重复博弈中关键的机制，存在着可信性问题。另外，惩罚和报复的强度有多大？这是重复博弈要讨论和分析的问题，也与心理学、行为学等相关。

冷酷策略是指双方一开始都选择合作，重复合作几个阶段，其中一方采取背叛策略，以后的博弈中永远选择背叛。冷酷的含义是，某个博弈方的一次背叛，触发了永远的不合作。这个惩罚很沉重，且没有挽回的余地。

礼尚往来策略也称为"以牙还牙"或者"针锋相对"，是指双方开始合作，在后面的阶段中，如果对方合作，你就合作；如果对方采取背叛策略，你在下一次采取背叛策略进行报复，或者连续报复 K 个阶段，也称作惩罚 K 次的礼尚往来策略。如果对方背叛一次，你也背叛一次；对方"回心转意"，采取合作策略，你也"宽容谅解"，采取合作策略。这种情形称为严格的礼尚往来策略，与对方前一次的策略严格一致，也是惩罚力度最小的。

博弈方在博弈中，根据博弈的具体情况、对手的性格、得益的情况，综合分析判断，选择对自己最有利的策略。

三、重复博弈的得益

重复博弈中每个阶段都有得益，总得益有两种计算方法：一种是每次博弈的得益相加，称为“总得益”；另一种是总得益被博弈的重复次数平均，称为各阶段的“平均得益”。不同阶段的重复博弈的平均得益有时间上的次序问题，需要考虑时间价值因素，由贴现系数来解决这个问题。贴现系数由利率计算公式求得：$\delta=1/(1+\gamma)$，其中 γ 是一个阶段的市场利率。

一个 T 次重复博弈的某个博弈方，在某一个均衡路径上各阶段的得益分别为$\pi_1,\pi_2,\cdots,\pi_T$，那么重复博弈的总得益的现值为：

$$\pi=\pi_1+\delta\pi_2+\delta^2\pi_3+\cdots+\delta^{T-1}\pi_T=\sum_{t=1}^{T}\delta^{t-1}\pi_t$$

如果重复次数较少，时间间隔不长，利率和通货膨胀情况变化不大的话，可以用算术和近似地代替重复次数有限博弈的总得益。

如果是无限次重复博弈，其中的一个路径上，某个博弈方的各阶段的得益分别为π_1，$\pi_2,\cdots$，那么无限次重复博弈的总得益的现值为：

$$\pi=\pi_1+\delta\pi_2+\delta^2\pi_3+\cdots=\sum_{t=1}^{\infty}\delta^{t-1}\pi_t$$

如果不考虑贴现的情况，平均得益的定义如下：

定义 7.2 常数 $\bar{\pi}$ 是重复博弈各个阶段的得益，可以产生与得益序列$\pi_1,\pi_2,\cdots$，相同的现值，称 $\bar{\pi}$ 为$\pi_1,\pi_2,\cdots$的“平均得益”。

对于无限次重复博弈，贴现问题必须考虑。如果无限次重复博弈每阶段的得益都是 $\bar{\pi}$，现值为 $\bar{\pi}/(1-\delta)$。设每阶段的得益为$\pi_1,\pi_2,\cdots$，现值为：

$$\sum_{t=1}^{\infty}\delta^{t-1}\pi_t$$

这样，我们得到了计算无限次重复博弈的平均得益的公式：

$$\bar{\pi}=(1-\delta)\sum_{t=1}^{\infty}\delta^{t-1}\pi_t$$

四、重复次数不确定的情况

重复博弈中除了重复次数有限和无限的情况，还有可能是博弈方本人都不知道博弈关系要持续多久的情况，也就是重复次数不确定的情况。

这类博弈中，博弈方虽然不确定博弈会持续多久，但是他们对博弈是否可以再持续一个阶段或者再重复一次有一定的概率判断，这称为随机结束重复博弈。比如，市场上生产相同产品的两家企业，只要消费者需要，两企业间的重复博弈就要继续，如果随着科技进步，消费者不再需要这种产品，两企业的博弈可能就结束。

我们可以这样理解随机结束的重复博弈，假定在进行一次重复博弈时，每次通过抽签来决定是否结束博弈，若抽到停止重复的概率为 p，那么重复的概率为 $1-p$，若博弈方的阶段得益为π_t，利率为 γ，博弈在第一阶段博弈后重复博弈的概率是 $1-p$，博弈在第二阶段的期望得益为$\pi_2(1-p)/(1+\gamma)$，第三阶段的期望得益为$\frac{\pi_3(1-p)^2}{(1+\gamma)^2}$，……博弈方总的期望得益的现值为：

$$\pi = \pi_1 + \frac{\pi_2(1-p)}{1+\gamma} + \frac{\pi_3(1-p)^2}{(1+\gamma)^2} + \cdots$$
$$= \sum_{t=1}^{\infty} \pi_t \frac{(1-p)^{t-1}}{(1+\gamma)^{t-1}} = \sum_{t=1}^{\infty} \pi_t \left(\frac{1-p}{1+\gamma}\right)^{t-1} = \sum_{t=1}^{\infty} \pi_t \delta^{t-1}$$

其中，$\delta=(1-p)/(1+\gamma)$。

这样，我们就把重复次数不确定的情况和无限次重复博弈统一了，可以将其归结到无限次重复博弈的情况里。

第二节 有限重复博弈

大部分重复博弈的次数是有限的，首先考虑有限重复博弈，假定重复次数不多，时间间隔有限，不考虑时间价值的贴现问题。

一、两人零和博弈情况

对于零和博弈，双方的总得益为0，重复博弈的得益也为0。博弈双方的利益是严格对立的，双方没有合作的可能性。无论重复博弈多少次，都不会偏离原博弈的纳什均衡。

以零和博弈为原博弈的有限次数重复博弈，如前面介绍的齐威王和田忌赛马、匹配硬币这样的博弈，当重复博弈次数有限，博弈方的正确策略是重复一次性博弈中的纳什均衡策略。

二、囚徒困境情况

对于著名的囚徒困境，"坦白"是博弈双方的严格优势策略，纳什均衡的结果是博弈双方都入狱5年，如果他们都选择"不坦白"的话，他们的情况都会好转，每人只需入狱1年。如图7—1所示：

		囚徒B	
		不坦白	坦白
囚徒A	不坦白	-1，-1	-8，0
	坦白	0，-8	-5，-5

图7—1 囚徒困境

在囚徒困境的博弈中，我们把博弈方都采用这个策略，使得双方的得益情况会好一些，这样的策略称为合作策略，这里的策略"不坦白"；博弈双方不合作，通过出卖对方获得较大的收益，这样的策略称为背叛策略，这里的策略是选择"坦白"。博弈方因为他们选择的策略而称为合作者或背叛者。

对于囚徒困境类型的博弈来说，最适合使用合作机制的就是重复进行的囚徒困境博弈。

将图 7－1 中囚徒困境的两次重复博弈，理解为两次选择的机会。总得益是两个阶段各自得益的总和。应用逆推归纳法来分析这个重复博弈。第二次重复博弈时的纳什均衡依然是{坦白，坦白}，双方的得益都是入狱 5 年。

回到第一阶段，因为博弈双方第二阶段的纳什均衡是{坦白，坦白}，双方的得益都是入狱 5 年。根据重复博弈的得益计算公式，两次重复博弈的总得益是在第一次博弈的基础上各加－5。

两次重复的囚徒困境博弈如图 7－2 所示。

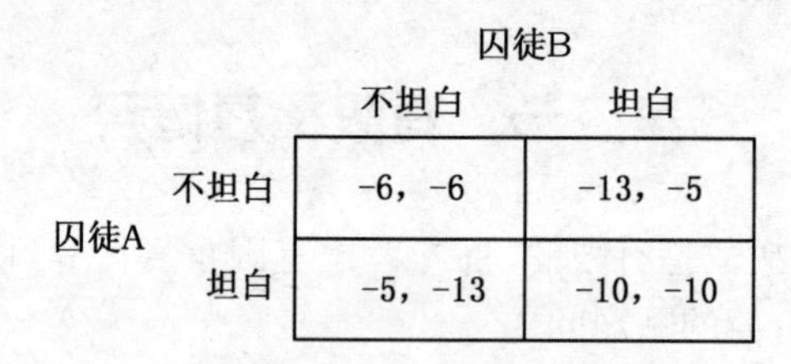

		囚徒B	
		不坦白	坦白
囚徒A	不坦白	-6，-6	-13，-5
	坦白	-5，-13	-10，-10

图 7－2　重复囚徒困境的等价博弈

这个博弈的纳什均衡是{坦白，坦白}，双方的得益为(－10，－10)，两次重复博弈的结果是一次囚徒困境的简单重复。

无论这类囚徒困境博弈重复多少次，结果都是一样的。原博弈的纯策略纳什均衡，也是这种类型的重复博弈的唯一的子博弈纳什均衡。在该均衡中，各博弈方的策略选择都剔除了不可信的威胁和许诺，原博弈中虽然存在潜在的合作策略，但是有限次数重复博弈的合作有确定的时间，合作策略就不会出现，博弈双方都会采取背叛策略，无法走出囚徒困境。

在有限次数多阶段囚徒困境的重复博弈中，只要博弈方策略互动关系的时间有限，在理性人假设之下，重复博弈的结果依然是博弈方在每个阶段的短期利益，即每次博弈中都采取背叛策略。将其归纳为如下的一般化定理。

定理 7.1　设原博弈 G 有唯一的纯策略纳什均衡，则对任意整数 T，重复博弈 $G(T)$ 有唯一的子博弈完美纳什均衡，即各博弈方在每个阶段都采用 G 的纳什均衡策略。各博弈方在 $G(T)$ 中的总得益为在 G 中得益的 T 倍，即为平均得益与原博弈 G 中的得益。

三、双寡头削价情况

市场竞争中典型的囚徒困境是双寡头削价的情况。通过降价来争夺市场，达到可能的最高利润。这个博弈的结果是双方都选择降价，策略组合{低价，低价}是唯一的纳什均衡。

现在应用重复博弈的思路来分析该两个寡头的价格战。这个博弈存在潜在的合作策略，就是都采用策略“高价”，但在有限次数重复博弈的情况下，结果和囚徒困境是一致的，符合一般化定理。双方走不出囚徒困境。如图 7－3 所示。

这个一般化定理的结论也适用于古诺模型的重复博弈中。

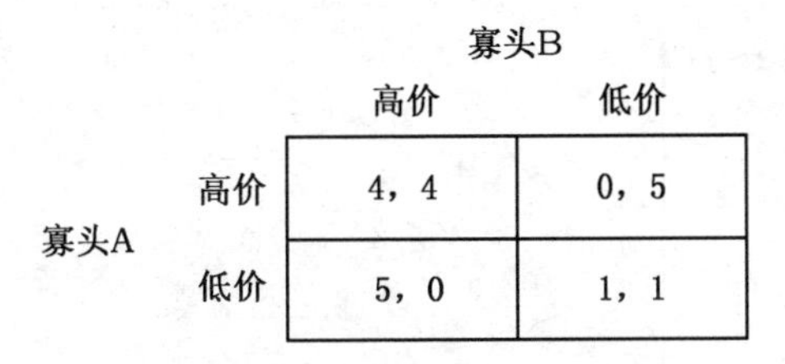

寡头A \ 寡头B	高价	低价
高价	4，4	0，5
低价	5，0	1，1

图 7—3　双寡头削价竞争

四、多个纯策略纳什均衡情况

观察如图 7—4 所描述的博弈：

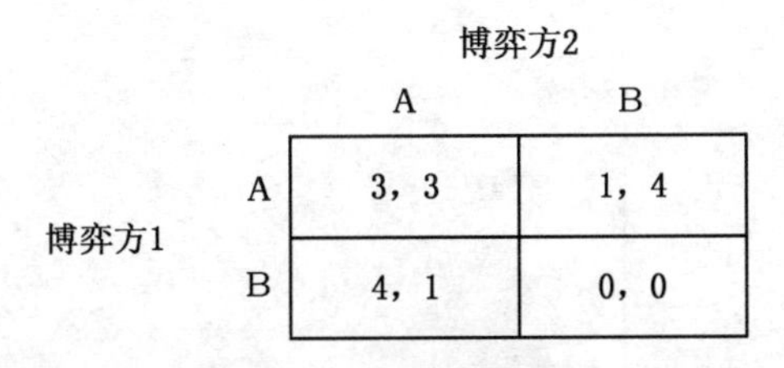

博弈方1 \ 博弈方2	A	B
A	3，3	1，4
B	4，1	0，0

图 7—4　市场博弈

假定生产同类产品的两家企业，竞争 A 和 B 两个市场，得益情况见图 7—4。从静态的一次性博弈分析，有两个纳什均衡{A,B}和{B,A}，还有一个混合策略的纳什均衡{(1/2,1/2),(1/2,1/2)}。

现在把博弈作为基本博弈，进行两次重复博弈。有 9 条重复博弈的均衡路径，都是子博弈纳什均衡。其中，博弈双方轮流去两个不同市场的策略称为"轮换策略"。

对应于不同的均衡路径，博弈双方的期望得益有很大的不同。两次重复博弈都采用同一个纯策略纳什均衡的情况下，双方的平均得益为(1,4)和(4,1)；两次重复博弈都采用混合策略纳什均衡的情况下，双方的平均得益为(2,2)；采用轮换策略的情况下，双方的平均得益为(2.5,2.5)；两次重复博弈时一次采用纯策略纳什均衡，另一次采用混合策略纳什均衡的情况下，双方的平均得益为(1.5,3)和(3,1.5)。从博弈结果来看，最佳的应该为{A,A}，此时双方得益为(3,3)。

图 7—5 将重复博弈和原博弈的博弈双方的得益情况在平面坐标上标出。从图中可以看到，重复博弈使得博弈的情况更为复杂多样，可能性的结果更多。但是，距离最佳博弈结果{A,A}、双方得益为(3,3)的情况还有距离。

通过分析具体的重复博弈得到的结论，可以由"民间定理"给出。民间定理也称为"无名氏定理"。

定理 7.2　设原博弈的一次性博弈有均衡得益数组优于 w，那么在该博弈的多次重复中所有不小于个体理性得益的可实现得益，都至少有一个子博弈完美纳什均衡的极限的平均得益来实现它们(见图 7—6)。

定理中的个体理性得益是指不管其他博弈方的行为如何，一博弈方在某个博弈中只

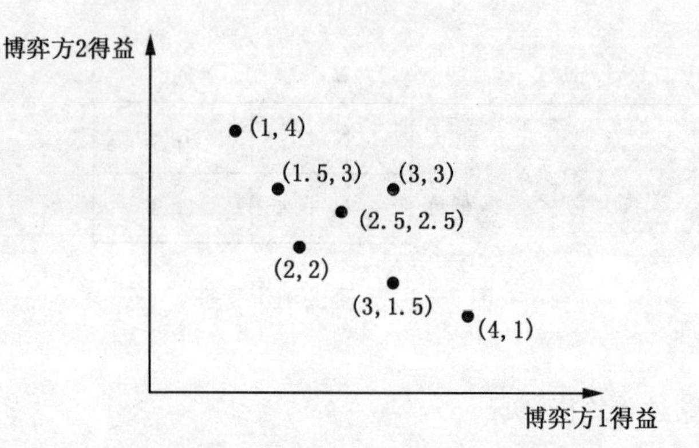

图 7－5　两次重复博弈的平均得益

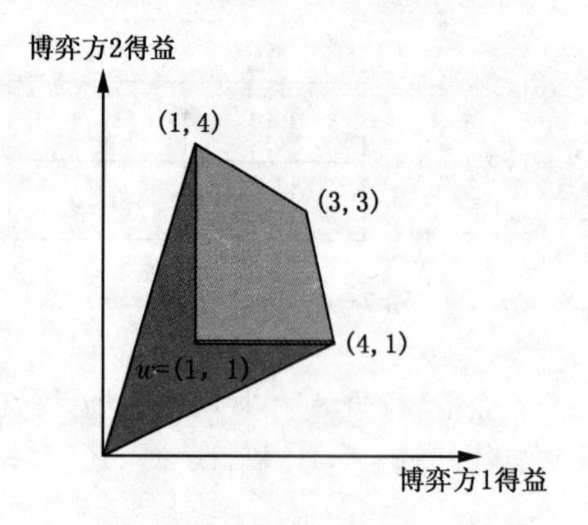

图 7－6　两次重复博弈的民间定理

要自己采取某种特定的策略，就能最低限度保证获得的得益。博弈中所有纯策略组合得益的加权平均数组称为可实现得益。

第三节　无限重复博弈

通过对有限次数的重复博弈分析，我们发现即使博弈方有潜在的合作意向，由于重复次数有限，无法达到优化的结果，就不会采取合作的策略。如果重复的次数不断地增加，以至于重复是无限的，情况则会有很大的变化。

对于零和博弈，每个阶段都是严格对立的，无限次重复的所有阶段都不可能发生合作，每个博弈方都会一直采用重复原博弈的混合策略纳什均衡，这与有限次数的重复博弈的结果是一样的。

一、囚徒困境的情况

分析如图 7－3 所示的囚徒困境，在有限次数的重复博弈中，博弈双方没有走出囚徒困境，都采取不合作的背叛策略。

在无限次的重复博弈中，设计一个触发策略。第一阶段双方都采用合作策略，试探并观察对方的合作诚意，你合作，我就合作；如果你不合作，采用背叛策略，我就永远不合作，而且采用永远惩罚的冷酷型触发策略。因为是无限期的重复博弈，所以要考虑到不同阶段的时间价值和贴现问题。

假设贴现因子为 δ，如果寡头 2 在某个阶段采用低价策略，触发寡头 1 在其后的所有阶段都采用低价策略报复对方，得益永远为 1，因为在触发策略实施的前一个阶段的得益为 5，寡头 1 总得益现值为：

$$\pi=5+1\times\delta+1\times\delta^2+\cdots=5+\frac{\delta}{1-\delta}$$

如果寡头 2 采用高价策略，下一阶段依然采用高价策略。用 V 表示寡头 2 在每个阶段都采用高价策略的总得益现值，因为在第一阶段的得益为 4，则寡头 2 的总得益现值为：

$$V=4+V$$

因此，当 $\delta>1/4$ 时，寡头 2 就会采用高价策略。针对寡头 1 的冷酷型触发策略，寡头 2 的最佳选择是采取高价策略。这个触发策略对博弈双方都是触发策略，这个触发策略是纳什均衡。

二、无限重复博弈的民间定理

囚徒困境博弈具有潜在的合作倾向，在一次性博弈中，有限次数的重复博弈都无法实现，而在无限次重复博弈中则可能会实现。对于存在唯一纯策略纳什均衡的囚徒困境型的博弈，在无限次重复博弈中，有如下的民间定理。

定理 7.3　设 G 是一个完全信息的静态博弈(见图 7—7)。用$(e_1,\cdots,e_n)$表示 G 的纳什均衡的得益，用$(x_i,\cdots,x_n)$表示 G 的任意的可实现得益。如果 $x_i>e_i$ 对任意博弈方 i 都成立，而 δ 足够接近 1，那么无限次重复博弈 $G(\infty,\delta)$ 中一定存在一个子博弈完美纳什均衡，各博弈方的平均得益就是$(x_i,\cdots,x_n)$。

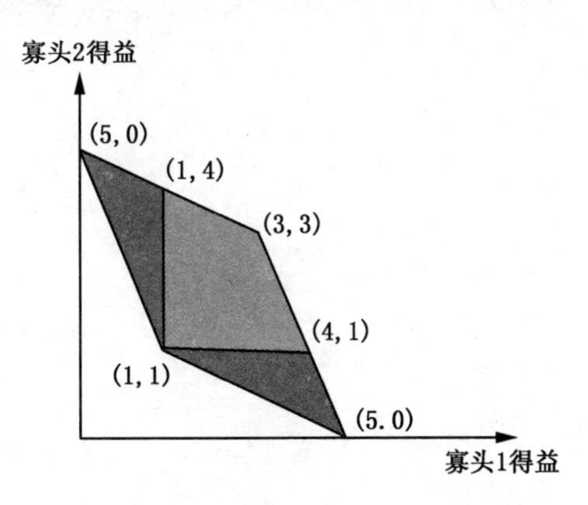

图 7—7　无限次重复博弈的民间定理

重复博弈可以实现长期合作的稳定性，实现双赢。在国际合作和经济生活中都有切实的现实意义。国家关系以及国际贸易中都存在重复博弈的问题，有兴趣的读者可以运用重复博弈，从历史和经济的不同角度分析中国和美国的国家关系问题。

第二部分思考题

1.在动态博弈分析中，引进子博弈完美纳什均衡概念的意义是什么？

2.子博弈与纳什均衡有什么样的关系？

3.如果开金矿博弈中第三阶段乙选择打官司后的结果尚不能确定，即图中 a、b 的数值不确定。讨论本博弈有哪些可能的结果？如果本博弈中的“威胁”和“承诺”是可信的，a、b 应满足什么条件？

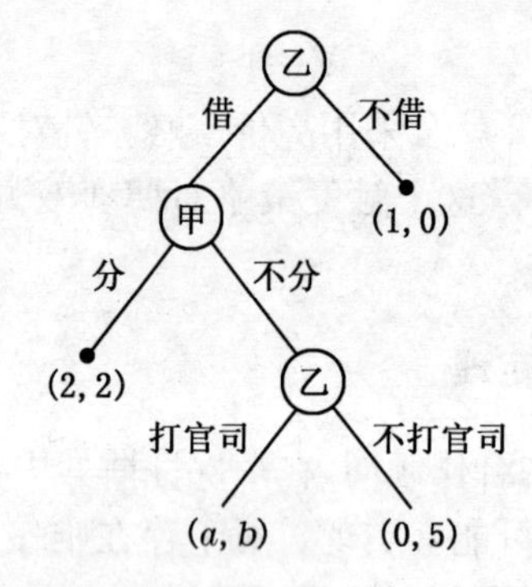

4.考察一个国家之间的关系问题，运用动态博弈方法进行分析。

5.就现代经济学中的委托—代理人问题，进行动态博弈分析。

6.总结出一个生活中的现象，分析一次博弈和重复博弈的不同。

7.列出一个重复博弈的案例，分析其中报复或惩罚的作用。

第三部分

不完全信息静态博弈

第八章

贝叶斯博弈与贝叶斯纳什均衡

第一节　静态贝叶斯博弈

为了更好地说明不完全信息与完全信息之间的差异，我们用一个典型静态贝叶斯博弈作为例子，来说明静态贝叶斯博弈概念。

一、不完全信息的古诺模型

考虑如下两寡头进行同时决策的产量竞争模型。其中，市场反需求函数由 $P(Q)=a-Q$给出，这里 $Q=q_1+q_2$ 为市场中的总产量。企业 1 的成本函数为 $C_1(q_1)=c_1q_1$，不过，企业 2 的成本函数以 θ 概率为 $C_2(q_2)=c_Hq_2$，以 $1-\theta$ 概率为 $C_2(q_2)=c_Lq_2$，这里 $c_L<c_H$，并且信息是不对称的：企业 2 知道自己的成本函数和企业 1 的成本函数，企业 1 知道自己的成本函数，但只知道企业 2 边际成本为高的概率是 θ，边际成本为低的概率是 $1-\theta$（企业 2 可能是新进入这一行业的企业，也可能刚刚发明一项新的生产技术）。上述一切都是共同知识：企业 1 知道企业 2 享有信息优势，企业 2 知道企业 1 知道自己的信息优势，如此等等。

现在我们来分析这个静态贝叶斯博弈。一般情况下，企业 2 的边际成本较高时会选择较低的产量，边际成本较低时会选择较高的产量。企业 1 从自己的角度，会预测企业 2 根据其成本情况将选择不同的产量。设企业 1 的最佳产量选择为 q_1^*，企业 2 边际成本为 c_H 时的最佳产量选择为 $q_2^*(c_H)$，企业 2 边际成本为 c_L 时的最佳产量选择为 $q_2^*(c_L)$，如果企业 2 的成本较高，它会选择 $q_2^*(c_H)$满足：

$$\max_{q_2}[(a-q_1^*-q_2)-c_H]q_2$$

类似地，如果企业 2 的成本较低，$q_2^*(c_L)$应满足：

$$\max_{q_2}[(a-q_1^*-q_2)-c_L]q_2$$

从而，企业1为了使利润最大化，选择 q_1^* 应满足：

$$\max_{q_2}\{\theta[(a-q_1-q_2^*(c_H)-c_1]q_1+(1-\theta)[(a-q_1-q_2^*(c_L)-c_1]q_1\}$$

三个最优化问题的一阶条件为：

$$q_2^*(c_H)=\frac{a-q_1^*-c_H}{2} \qquad q_2^*(c_L)=\frac{a-q_1^*-c_L}{2}$$

$$q_1^*=\frac{1}{2}\{\theta[(a-q_2^*(c_H)-c_1]+(1-\theta)[(a-q_2^*(c_L)-c_1]\}$$

三个一阶条件构成的方程组的解为：

$$q_2^*(c_H)=\frac{a-2c_H+c_1}{3}+\frac{1-\theta}{6}(c_H-c_L)$$

$$q_2^*(c_L)=\frac{a-2c_L+c_1}{3}+\frac{\theta}{6}(c_H-c_L)$$

$$q_1^*=\frac{a-2c+\theta c_H+(1-\theta)c_L}{3}$$

把这里的 q_1^*、$q_2^*(c_H)$和 $q_2^*(c_L)$与成本分别为 c_1 和 c_2 的完全信息的古诺均衡相比较，假定 c_1 和 c_2 的取值可使得两个企业的均衡产量都为正，在完全信息的条件下，企业的产出为 $q_i^*=(a-2c_i+c_j)/3$。与之不同的，在不完全信息条件下，当$c_2=c_H$，$q_2^*(c_H)>q_2^*$；当 $c_2=c_L$，$q_2^*(c_L)<q_2^*$。之所以会出现这种情况，是因为企业2不仅根据自己的成本调整其产出，同时还将考虑到企业1的情况选择最优反应。如果企业2的成本较高，它就会因成本较高而减少产量，但同时又会生产稍多一些，因为它知道企业1将根据期望利润最大化的原则决定产出，从而要低于企业1确知企业2成本较高时的产量。

二、静态贝叶斯博弈介绍

现在，我们要建立非完全信息同时行动博弈的标准式表述，也称为静态贝叶斯博弈。首先要表示出非完全信息的关键因素，即每一个博弈方知道自己的收益函数，但也许不能确知其他博弈方的收益函数。令博弈方 i 可能的收益函数表示为 $u_i(a_1,\cdots,a_n;t_i)$，其中 t_i 称为博弈方 i 的类型(type)，它属于一个可能的类型集[也称为类型空间(type space)] T_i，每一类型 t_i 都对应着博弈方 i 不同的收益函数的可能情况。

作为具体的例子，考虑前面的古诺博弈。企业的行动使其产量选择 q_1 和 q_2。企业2有两种可能的成本函数，从而有两种可能的利润或收益函数：

$$\pi_2(q_1,q_2;c_L)=[(a-q_1-q_2)-c_L]q_2$$

$$\pi_2(q_1,q_2;c_H)=[(a-q_1-q_2)-c_H]q_2$$

企业1只有一种可能的收益函数：

$$\pi_1(q_1,q_2;c)=[(a-q_1-q_2)-c]q_1$$

我们认为企业2的类型空间为 $T_2=\{c_L,c_H\}$，企业1的类型空间为 $T_1=\{c_1\}$。

在这样定义博弈方的类型之后，认为博弈方 i 知道自己的收益函数也就等同于认为博弈方 i 知道自己的类型，类似地，认为博弈方 i 可能不确定其他博弈方的收益函数，也就等同于认为博弈方 i 不能确定其他博弈方的类型。我们用 $t_{-i}=\{t_1,\cdots,t_{i-1},t_i,t_{i+1},\cdots,t_n\}$表示其他博弈方的类型，并用 T_{-i}表示 t_{-i}所有可能的值的集合，用概率 $p_i(t_{-i}|t_i)$表示博弈

方在知道自己的类型是 t_i 的前提下，对其他博弈方类型 t_{-i} 的推断，即在自己的类型是 t_i 的前提下，对其他博弈方类型 t_{-i} 出现的条件概率的判断。在完全信息静态博弈标准式的基础上，增加类型和推断两个概念，得到静态贝叶斯博弈的标准式概念。

定义 8.1　一个 n 人静态贝叶斯博弈的标准式表述包括：博弈方的行动空间 $A_1,\cdots,A_n$ 及其类型空间 $T_1,\cdots,T_n$，他们的推断为 $p_1,\cdots,p_n$，他们的收益函数为 $u_1,\cdots,u_n$。博弈方 i 的类型作为博弈方 i 的私人信息，决定了博弈方 i 的收益函数 $u_i(a_1,\cdots,a_n;t_i)$。博弈方 i 的推断 $p_i(t_{-i}|t_i)$ 描述了 i 在给定自己的类型 t_i 时，对其他 $n-1$ 个博弈方可能的类型 t_{-i} 的不确定性。

我们用

$$G=\{A_1,\cdots,A_n;T_1,\cdots,T_n;p_1,\cdots,p_n;u_1,\cdots,u_n\}$$

表示这一博弈。

静态贝叶斯博弈的一般表示法，对于由现实问题抽象和建立静态贝叶斯博弈模型提供了思路和帮助，我们根据静态贝叶斯博弈表达式中的几个方面，来确定模型的主要内容。不过，最重要的是用什么样的方法来分析这类博弈呢?

第二节　贝叶斯纳什均衡

信息的不完全使得博弈分析变得复杂，1967 年以前，博弈论专家认为这样的不完全信息博弈是无法分析的，因为当一个参与人不知道在与谁博弈时，博弈的规则是无效的。海萨尼提出了处理不完全信息博弈的方法，巧妙地引入一个“第三者”——自然，将复杂问题的不完全信息博弈转换为完全但不完美信息博弈，因此也称为“海萨尼转换”。

一、海萨尼转换

海萨尼转换的具体方法是：

(1)假设有一个虚拟的参与人“自然”，自然首先决定参与人的类型，赋予各参与人的类型向量 $t=(t_1,\cdots,t_n)$，其中，$t_i\in T_i$，　$i=1,\cdots,n$；

(2)自然告知博弈方 i 自己的类型，却不告诉其他博弈方的类型；

(3)博弈方同时选择行动，每一个博弈方 i 从可行集 A_i 中选择行动方案 a_i；

(4)各方得到收益 $u_i(a_1,\cdots,a_n;t_i)$。

借助于第一步和第二步中虚构的博弈方“自然”的行动，我们可以把一个不完全信息的博弈表述为一个不完美信息的博弈。海萨尼转换是处理不完全信息博弈的标准方法。

二、贝叶斯纳什均衡介绍

静态贝叶斯博弈转化的都是两阶段有同时选择的、特殊类型的不完美信息动态博弈，对于这类博弈有专门的分析方法和均衡概念。为了定义贝叶斯纳什均衡概念，首先定义此类博弈中博弈方的策略空间。动态博弈中博弈方的一个策略是关于行动的一个完整计划，包括了博弈方在可能会遇到的每一种情况下将选择的可行的行动。在给定的静态贝叶斯博弈的时间顺序中，自然首先行动，赋予每一博弈方各自的类型，博弈方 i 的一个(纯)策略必须包括博弈方 i 在每一可行的类型下选择的一个可行行动。定义如下：

定义 8.2 在静态贝叶斯博弈 $G=\{A_1,\cdots,A_n;T_1,\cdots,T_n;p_1,\cdots,p_n;u_1,\cdots,u_n\}$ 中，博弈方 i 的一个策略是一个函数 $s_i(t_i)$，其中对 T_i 中的每一类型 t_i，$s_i(t_i)$ 包含了自然赋予 i 的类型为 t_i 时，i 将从可行集 A_i 中选择的行动 a_i。

我们用不完全信息的古诺模型来阐述策略定义，从前面分析知道博弈的解由三个产量选择组成，即 q_1^*、$q_2^*(c_H)$ 和 $q_2^*(c_L)$。用之前给出的关于策略的定义，$(q_2^*(c_H),q_2^*(c_L))$ 就是企业 2 的策略，q_1^* 是企业 1 的策略，很容易想到企业 2 根据自己的成本情况会选择不同的产量，但还应注意同样重要的一点，是企业 1 在选择产量时也应同样考虑企业 2 将根据不同的成本选择不同的产量。从而，如果我们的均衡概念要求企业 1 的策略是企业 2 策略的最优反应，则企业 2 的策略必须是一对产量，分别对应于两种可能的成本类型，否则企业 1 就无法计算其策略是否确实是企业 2 策略的最优反应，无法进行博弈分析。

给出贝叶斯博弈中关于策略的定义之后，我们就可以定义贝叶斯纳什均衡了。尽管定义中的符号有些复杂，但中心思路既简单又熟悉：每一个博弈方的策略必须是其他博弈方策略的最优反应，也即贝叶斯纳什均衡实际上就是在贝叶斯博弈中的纳什均衡。

定义 8.3 在静态贝叶斯博弈 $G=\{A_1,\cdots,A_n;T_1,\cdots,T_n;p_1,\cdots,p_n;u_1,\cdots,u_n\}$ 中，策略组合 $s^*=(s_1^*,\cdots,s_n^*)$ 是一个纯策略贝叶斯纳什均衡，如果对每一个博弈方 i 及对 i 的类型集 T_i 中的每一个 t_i，$s_i^*(t_i)$ 满足

$$\max_{a_i\in A_i}\sum_{t_{-i}}\{u_i[(s_1^*(t_1),\cdots,s_{i-1}^*(t_{i-1}),a_i,s_{i+1}^*(t_{i+1}),\cdots,s_n^*(t_n);t_i]p_i(t_{-i}|t_i)\}$$

定义中求最大值的和是对 t_{-i} 求和，即对其他参与人的各种可能的类型组合求和，“纯策略”的意义与完全信息博弈相同。当静态贝叶斯博弈中参与人的一个策略组合是贝叶斯纳什均衡时，没有博弈方愿意改变自己的策略，即使这种改变只涉及一种类型下的一个行动。

贝叶斯纳什均衡是分析静态贝叶斯博弈的核心概念，一个有限的静态贝叶斯博弈[即博弈中 n 是有限的，并且 $(A_1,\cdots,A_n)$ 和 $(T_1,\cdots,T_n)$ 都是有限集]理论上存在贝叶斯纳什均衡，包括采用混合策略的情况。

第三节　应用举例

海萨尼(1973)提出这样一个结论：完全信息静态博弈的混合策略纳什均衡，几乎总是可以解释为与之密切相关、存在少量不完全信息的博弈中的纯策略贝叶斯纳什均衡。混合策略纳什均衡的重要特征，不是博弈方以随机方法选择一个策略，而是博弈方不能确定其他参与人的选择，这种不确定性既可能产生于随机因素，又可能(更为合理地)产生于少量不完全信息，如下面的几个例子。

一、混合策略和不完全信息

前面所讲的性别战博弈，存在两个纯策略纳什均衡{歌剧，歌剧}和{拳击，拳击}及一个混合策略纳什均衡，其中妻子以 2/3 的概率选择歌剧，丈夫以 2/3 的概率选择拳击。如图 8—1 所示。

丈夫

妻子	歌剧	拳击
歌剧	2, 1	0, 0
拳击	0, 0	1, 2

图 8—1　性别战

现在假设尽管两人已经认识了相当一段时间，但不能完全肯定地把握对方的想法。假定如果双方都选择歌剧，妻子的收益为 $2+t_w$，其中 t_w 的值是妻子的私人信息，双方都去观看拳击时丈夫的收益为 $2+t_h$，其中 t_h 的值为丈夫的私人信息；t_w 和 t_h 相互独立，并服从$[0,x]$区间上的均匀分布（t_w 和 t_h 的值是指原博弈收益的随机扰动项，我们可以认为 x 是一个很小的正数）。所有其他情况下的收益不变。表述为标准式则为：静态贝叶斯博弈 $G=\{A_w,A_h;T_w,T_h;p_w,p_h;u_w,u_h\}$中，行动空间为 $A_w=A_h=\{$歌剧，拳击$\}$，类型空间为 $T_w=T_h=[0,x]$，关于类型的推断为对所有的 t_w 和 t_h，$p_w(t_h)=p_h(t_w)=1/x$，收益情况如图 8—2 所示：

丈夫

妻子	歌剧	拳击
歌剧	$2+t_c$, 1	0, 0
拳击	0, 0	1, $2+t_p$

图 8—2　非完全信息性别战

我们构建这个性别战博弈的纯策略贝叶斯纳什均衡。其中，t_w 超过某临界值 w 时妻子选择歌剧，否则选择拳击；丈夫在 t_h 超过某临界值 h 时选择拳击，否则选择歌剧。在这一均衡中，妻子以$(x-w)/x$ 的概率选择歌剧，丈夫则以$(x-h)/x$ 的概率选择拳击。

假设妻子和丈夫都采用上面所给出的策略，对一个给定的 x，我们计算相应的 w 和 h，以使双方的策略符合贝叶斯纳什均衡的条件。给定丈夫的策略，妻子选择歌剧和选择拳击的期望收益分别为：

$$\frac{h}{x}(2+t_w)+\frac{x-h}{x}\cdot 0=\frac{h}{x}(2+t_w)$$

$$\frac{h}{x}\cdot 0+\frac{x-h}{x}\cdot 1=\frac{x-h}{x}$$

从而，当且仅当 $t_w\geqslant\frac{x}{h}-3=w$ 时，选择歌剧是最优的。同样，假定妻子采用了临界值 w 策略，丈夫选择拳击和选择歌剧的期望收益分别为：

$$\frac{x-w}{x}\cdot 0+\frac{w}{x}(2+t_h)=\frac{w}{x}(2+t_h)$$

$$\frac{x-w}{x}\cdot 1+\frac{w}{x}\cdot 0=\frac{x-w}{x}$$

所以,当且仅当 $t_h \geqslant \frac{x}{w}-3=h$ 时,选择拳击是最优的。

解联立方程组:

$$\begin{cases}\frac{x}{h}-3=w\\ \frac{x}{w}-3=h\end{cases}$$

得:

$$\begin{cases}w=h\\ h^2+3h-x=0\end{cases}$$

解二次方程得:

$$w=h=1+\frac{3-\sqrt{9+4x}}{2x}$$

当 x 趋于 0 时,该式的值趋于 2/3。也就是说,随着不完全信息的消失,博弈方在此不完全信息博弈纯策略贝叶斯纳什均衡下的行动趋于其在原完全信息博弈混合策略纳什均衡下的行动。

二、暗标拍卖

下面我们用贝叶斯纳什均衡的思想来讨论暗标拍卖问题。基本的暗标拍卖规则是各投标人密封标书投标,统一时间开标,标价最高者中标。如果出现标价相同的情况,用抛硬币或类似方法决定中标者。假设有两个投标人,分别为 1、2,投标人 i 对商品的估价为 v_i,即如果投标人 i 付出价格 p 得到商品,则 i 的收益为 v_i-p。两个投标人的估价相互独立,并服从[0,1]区间上的均匀分布。投标价格不能为负,且双方同时给出各自的投标价。出价较高的一方得到商品,并支付其报出的价格;另一方的收益和支付都为 0。投标方是风险中性的,以上所有都是共同信息。

为把这一问题转化为标准式的静态贝叶斯博弈,我们必须确定行动空间、类型空间、推断及收益函数。博弈方 i 的行动是给出一个非负的投标价 b_i,其类型即他的估价 v_i(在抽象博弈 $G=\{A_1,A_2;T_1,T_2;p_1,p_2;u_1,u_2\}$ 中表示为行动空间 $A_i=[0,\infty]$、类型空间 $T_i=[0,1]$)。由于估价是相互独立的,博弈方 i 推断 v_j 服从[0,1]区间上的均匀分布,而不依赖于 v_i 的值。最后,博弈方 i 的收益函数为:

$$u_i(b_1,b_2;v_1,v_2)=\begin{cases}v_i-b_i & \text{当 } b_i>b_j\\ (v_i-b_i)/2 & \text{当 } b_i=b_j\\ 0 & \text{当 } b_i<b_j\end{cases}$$

为推导这一博弈的贝叶斯纳什均衡,我们首先建立博弈方的策略空间。在静态贝叶斯博弈中,一个策略是由类型到行动的函数。博弈方 i 的一个策略为函数 $b_i(v_i)$,据此可以决定 i 在每一种类型(即对商品的估价)下选择的投标价格。在贝叶斯纳什均衡下,博弈方 1 的策略 $b_1(v_1)$ 与博弈方 2 的策略 $b_2(v_2)$ 互相是对方的最优反应。若策略组合

$[b_1(v_1), b_2(v_2)]$是贝叶斯纳什均衡，那么每个类型 $v_i \in [0,1]$，$b_i(v_i)$满足

$$\max_{b_i}\left[(v_i-b_i)P\{b_i>b_j\}+\frac{1}{2}(v_i-b_i)P\{b_i=b_j\}\right]$$

我们寻找该问题的一组线性均衡解，即假设 $b_1(v_1)$ 和 $b_2(v_2)$ 都是线性函数。$b_1(v_1)=a_1+c_1v_1$ 及 $b_2(v_2)=a_2+c_2v_2$，并据此对上式进行简化。但应注意，我们不是限制了博弈方的策略空间，使之只包含了线性策略；而是允许博弈方任意地选择策略，只看是否存在线性的均衡解。我们会发现由于博弈方的估价是均匀分布的，这样的线性均衡解不仅存在，而且是唯一的。其结果为 $b_i(v_i)=v_i/2$，也就是说，每一个博弈方以其对商品估价的 1/2 作为投标价。这样，一个投标价格反映出投标方在拍卖中遇到的最基本的得失权衡：投标价格越高，中标的可能性越大；投标价格越低，一旦中标，所得的收益就越大。

假设博弈方 j 采取策略 $b_j(v_j)=a_j+c_jv_j$，对一个给定的 v_i 值，博弈方 i 的最优反应为下式的解：

$$\max_{b_i}\left[(v_i-b_i)P\{b_i>a_j+c_jv_j\}+\frac{1}{2}(v_i-b_i)P\{b_i=b_j\}\right]$$

因为 v_j 服从均匀分布，所以 $b_j(v_j)=a_j+c_jv_j$)服从均匀分布，$P\{b_i=b_j\}=0$。由于 i 的投标价应高于博弈方 j 最低的可能投标价格，否则没有意义，同时应低于 j 最高的可能投标价格，因为有 $a_j \leqslant b_i \leqslant a_j+c_j$，于是，上式变为：

$$\max_{b_i}\left[(v_i-b_i)P\{b_i>a_j+c_jv_j\}\right]=\max_{b_i}\left[(v_i-b_i)P\{v_j<\frac{b_i-a_j}{c_j}\}\right]=\max_{b_i}\frac{b_i-a_j}{c_j}$$

一阶条件为 $b_i=(v_i+a_j)/2$。在 $v_i<a_j$ 时，$b_i=(v_i+a_j)/2<a_j$，这样是根本不可能中标的，至少 $b_i=a_j$。综上所述，博弈方 i 的最优反应为：

$$b_i(v_i)=\begin{cases}(v_i+a_j)/2 & \text{当 } v_i \geqslant a_j \\ a_j & \text{当 } v_i<a_j\end{cases}$$

如果 $0<a_j<1$，则一定存在某些 v_i 的值，使 $v_i<a_j$，这时 $b_i(v_i)$就不可能是线性的，而在开始时是一条直线，后半段开始向上倾斜，与假定的线性矛盾。而只讨论 $a_j \geqslant 1$ 及 $a_j \leqslant 0$ 的情况。但前一种情况是不可能在均衡中出现的，因为估价较高一方对投标价的最优选择是不低于估价较低一方的投标价，我们有 $c_j \geqslant 0$，但这时 $a_j \geqslant 1$ 便意味着 $b_j(v_j) \geqslant v_j$，而这对于参与人 j 肯定不是最优的。因此，如果要求 $b_i(v_i)$是线性的，则一定有 $a_j \leqslant 0$，这时 $b_i(v_i)=(v_i+a_j)/2=a_i+c_iv_i$，于是可得 $a_i=a_j/2$ 及 $c_i=1/2$。

同样对博弈方 j 重复上面的分析，得到类似的结果：$a_j=a_i/2$、$c_i=1/2$。解这两组结果构成的方程组，可得 $a_i=a_j=0$、$c_i=1/2$，即：$b_i(v_i)=v_i/2$。

在拍卖中，会有许多意想不到的情况发生：如果投标人较少，且不识货时，买方的出价可能非常低，使拍卖商品得不到应有价格，如果投标人之间形成某种形式的串通，则卖方更吃亏。投标人参与投标而不中标没有任何代价，投标人就不会积极争取成交，而会采用低标价多次参加投标的方法，希望投机获得较大利益。如果投标人都这样做，价格肯定会偏低，对卖方不利。为了保护卖方的利益，可以预先设计拍卖机制，包括选择拍卖形式，设一个低价，如果拍出的价格低于底价不能成交；要求投标人预先支付一定额度的投标费用等，确保卖方的利益。本书对拍卖的机制设计和原理不做深入的介绍。

第三部分思考题

1.静态贝叶斯博弈中博弈方的策略有什么特点？为什么？

2.有了海萨尼转换，不完全信息动态博弈和完全但不完美信息动态博弈基本上是相同的，就不需要再发展博弈理论了，这种论述是否正确？

3.若(1)“自然”以均等的概率决定得益是下述得益矩阵 1 的情况还是得益矩阵 2 的情况，并让博弈方 1 知道而不让博弈方 2 知道；(2)博弈方 1 在 T 和 B 中选择，同时博弈方 2 在 L 和 R 中进行选择。找出该静态贝叶斯博弈的所有纯策略贝叶斯纳什均衡。

		博弈方2	
		L	R
博弈方1	T	1，1	0，0
	B	0，0	0，0

得益矩阵 1

		博弈方2	
		L	R
博弈方1	T	0，0	0，0
	B	0，0	2，2

得益矩阵 2

第四部分

不完全信息动态博弈

第九章

完美贝叶斯均衡

为引进完美贝叶斯均衡概念，考虑如下完全但不完美信息动态博弈。

第一节　完美贝叶斯均衡的概念

首先，博弈方 1 在 3 个行动中进行选择——L、M、R，如果博弈方 1 选择 R，则博弈结束（不等博弈方 2 行动）；如果博弈方 1 选择了 L 或 M，则博弈方 2 就会知道博弈方 1 没有选择 R（但不清楚博弈方 1 是选择了 L 还是 M），并在 L' 或 R' 两个行动中进行选择，博弈随之结束。收益情况如图 9—1 所示的扩展式博弈给出。

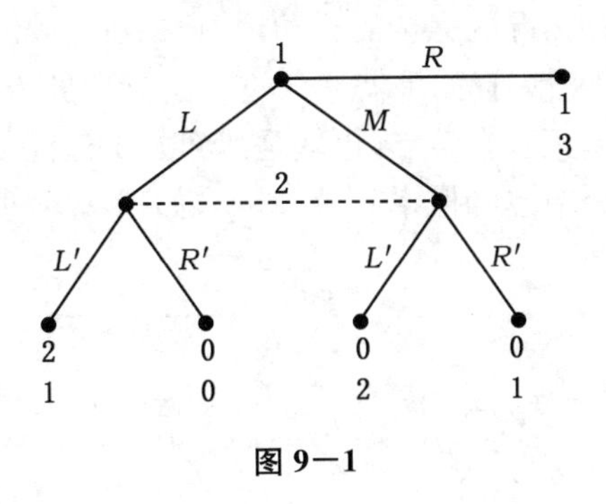

图 9—1

从图 9—2 博弈的标准式表述，我们可以发现存在两个纯策略纳什均衡(L,L')和(R,R')。为确定这些纳什均衡是否符合子博弈完美纳什均衡的条件，我们先明确博弈的子博弈，图 9—1 中的博弈不存在子博弈。如果一个博弈没有子博弈，则子博弈完美纳什均衡条件（具体来说，即博弈方的策略在每一个子博弈中均构成纳什均衡）自然就得到满足。从而在任何没有子博弈的博弈中，子博弈完美纳什均衡的定义便等同于纳什均衡的定义，于是在图 9—1 中，(L,L')和(R,R') 都是子博弈完美纳什均衡。然而，(R,R')却又明显要依赖于一个不可信的威胁：如果轮到博弈方 2 行动，则选择 L'要优于选择R'，于是博弈方 1 便不会由于博弈方 2 威胁将在其后的行动中选择 R'而去选择 R。换言之，博弈方 1 认为博弈方 2 选择 R'不过是个空头威胁。

		博弈方2	
		L'	R'
博弈方1	L	2，1	0，0
	M	0，2	0，1
	R	1，3	1，3

图 9—2

上面的例子反映出一个问题，在信息完全但不完美的博弈中，尽管(R,R')是子博弈纳什均衡，它依赖于一个不可信的空头威胁，应该从合理的预测中排除。问题出现的原因是，博弈方 2 不知道博弈方 1 若不选择 R 时，他究竟会选择 L 还是 M？在附加的条件中，将要求博弈方 2 对这个问题有一定的推断，并在这个推断下采取最佳的策略行动。为此，要进一步强化均衡概念，以排除图 9—1 中像 $p\cdot 0+(1-p)\cdot 1=1-p$ 的子博弈完美纳什均衡。对均衡附加以下两个要求：

要求 1　在每一个信息集中，应该行动的博弈方必须对博弈进行到该信息集中的某个节点有一个推断。对于非单节信息集，推断是在信息集中不同节点的一个概率分布；对于单节的信息集，博弈方的推断就是到达此单一决策节点的概率为 1。

要求 2　给定博弈方的推断，博弈方的策略必须满足序贯理性的要求，即在每一个信息集中应该行动的博弈方(以及博弈方随后的策略)，对于给定的该博弈方在此信息集中的推断，以及其他博弈方随后的策略(其中，“随后的策略”是在达到给定的信息集之后，包括了其后可能发生的每一种情况的完全的行动计划)必须是最优反应。

在图 9—1 中，“要求 1”意味着如果博弈的进行达到博弈方 2 的非单节点信息集，则博弈方 2 必须对具体到达的某一个节点(也就是博弈方 1 选择了 L 还是 R)有一个推断。这样的推断就表示到达两个节点的概率 p 和 $1-p$，如图 9—3 所示：

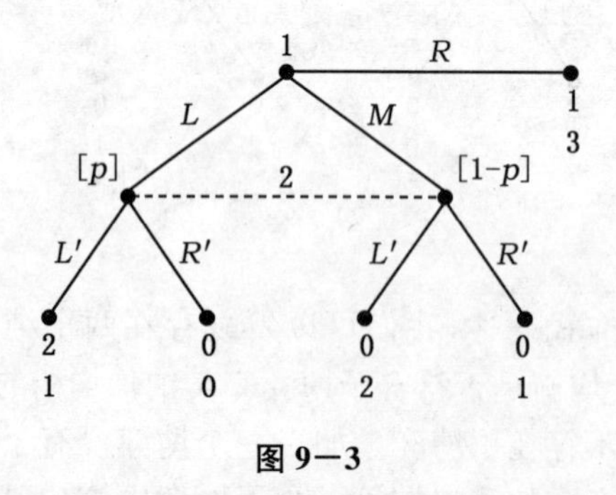

图 9—3

给定博弈方 2 的推断，选择 R'的期望收益等于 $p\cdot 0+(1-p)\cdot 1=1-p$，而选择 L'的期望收益等于 $p\cdot 1+(1-p)\cdot 2=2-p$。由于对任意的 p 都有 $2-p>1-p$，“要求

2”就排除了博弈方 2 选择 R' 的可能性，从而，在本例中简单要求每一个博弈方持有一个推断，并且在此推断下选择最优行动，就可以排除不合理的均衡(R, R')。

“要求 1”和“要求 2”只保证了博弈方持有推断，并对给定的推断选择最优行动，但并没有明确这些推断是否理性。为进一步约束博弈方的推断，我们需要区分处于均衡路径上的信息集和不处于均衡路径上的信息集。为此，首先给出如下定义：

定义 9.1　对于一个给定的扩展式博弈中的均衡，如果博弈根据均衡策略进行时将以正的概率达到某个信息集，我们称此信息集处于均衡路径之上。反之，如果博弈根据均衡策略进行时，肯定不会达到某信息集，我们称之为不在均衡路径上的信息集(其中“均衡”可以是纳什均衡、子博弈完美均衡、贝叶斯均衡以及完美贝叶斯均衡)。

要求 3　在处于均衡路径上的信息集中，推断由贝叶斯法则及博弈方的均衡策略给出。

例如，在图 9－3 的子博弈完美纳什均衡(L, L')中，博弈方 2 的推断一定是 $p=1$：给定博弈方 1 的均衡策略(具体地说是 L)，博弈方 2 知道已经到达了信息集中的哪一个节点。作为“要求 3”的另一种说明(假定性的)，设想在图 9－3 中存在一个混合策略均衡，其中博弈方 1 选择 L 的概率为 q_1，M 的概率为 q_2，选择 R 的概率为 $1-q_1-q_2$。“要求 3”则强制性规定博弈方 2 的推断必须为 $p=q_1/(q_1+q_2)$。

“要求 1”、“要求 2”和“要求 3”包含了完美贝叶斯均衡的主要内容，这一均衡概念最为关键的新特征要归功于克雷普斯和威尔逊(1982)：在均衡的定义中，推断被提高到和策略同等重要的地位。正式来讲，一个均衡不再只是由每个博弈方的一个策略所构成，还包括了两个博弈方在其行动的每一个信息集中的一个推断。通过这种方式使博弈方推断得以明确的好处在于，与前面强调博弈方选择可信的策略一样，现在就可以强调博弈方持有理性的推断，无论是处于均衡路径(“要求 3”)，还是不处于均衡路径(下文的“要求 4”)。

在简单的经济学应用中，包括信号博弈和空谈博弈——“要求 1”、“要求 2”和“要求 3”不仅包括了完美贝叶斯博弈的主要思想，而且还构成了其定义。不过，在更为复杂的经济学应用中，为剔除不合理的均衡，还需引入进一步的要求。不同的学者使用过不同的完美贝叶斯均衡定义，所有的定义都包括“要求 1”、“要求 2”和“要求 3”，绝大多数还同时包含了“要求 4”，还有的引入了更进一步的要求。我们用“要求 1”到“要求 4”作为完美贝叶斯均衡的定义。

要求 4　对不在均衡路径上的信息集，推断由贝叶斯法则以及可能情况下博弈方的均衡策略决定。

定义 9.2　满足“要求 1”到“要求 4”的策略和推断构成博弈的完美贝叶斯均衡。

对“要求 4”再给出一个更为精确的表述，有助于我们理解“可能情况下均衡策略”的含义。我们通过图 9－4 和图 9－5 中的三个博弈方博弈来说明并理解“要求 4”的必要性。

此博弈有一个子博弈：它开始于博弈方 2 的单节点信息集。这一子博弈(博弈方 2 和博弈方 3 之间的)唯一的纳什均衡为(L, R')，于是整个博弈唯一的子博弈完美纳什均衡为(D, L, R')。这一组策略和博弈方 3 的推断 $p=1$ 满足了“要求 1”到“要求 3”，而且也简单地满足了“要求 4”，因为没有不在这一均衡路径上的信息集，于是构成了一个完美贝叶斯均衡。

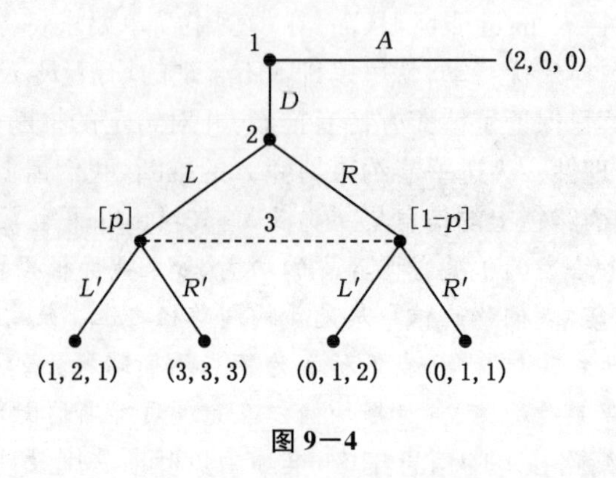

图 9—4

下面考虑策略(A,L,L')以及相应的推断 $p=0$。这组策略是一个纳什均衡,没有博弈方愿意单独偏离这一结果。这一组策略及推断也满足"要求 1"到"要求 3",博弈方 3 有一个推断并选择最优行动。但是,这一纳什均衡却不是子博弈完美纳什均衡,因为博弈中仅有子博弈有唯一的纳什均衡为(L,R'),这也说明"要求 1"到"要求 3"并不能保证博弈方的策略是子博弈完美纳什均衡。为什么会出现这样的问题呢?问题在于博弈方 3 的推断 $p=0$ 与博弈方 2 的策略 L 并不一致,但"要求 1"到"要求 3"并没有对博弈方 3 的推断进行任何限制,因为如果按给定的策略进行博弈将不会到达博弈方 3 的信息集。不过,"要求 4"强制博弈方 3 的推断决定于博弈方 2 的策略:如果博弈方 2 的策略为 L,则博弈方 3 的推断必须为 $p=1$;如果博弈方 2 的策略为 R,则博弈方 3 的推断必须为 $p=0$。但是,如果博弈方 3 的推断为 $p=1$,则"要求 2"又强制博弈方 3 的策略为 R',于是策略(A,L,L')及相应推断 $p=0$ 不能满足"要求 1"到"要求 4"。根据定义,策略(A,L,L')以及相应的推断 $p=0$ 不能构成完美贝叶斯均衡。"要求 4"的作用,排除了一些不合理的纳什均衡与推断,尽管这组策略及推断满足"要求 1"到"要求 3"。

为进一步理解"要求 4",假设图 9—4 稍作改变成为图 9—5:现在博弈方 2 又出现了第三种可能的行动 A',也可以令博弈结束(为使表示简化,这一博弈略去了收益情况)。与前例相同,如果博弈方 1 的均衡策略为 A,则博弈方 3 的信息集就不在均衡路径上,但现在"要求 4"却无法从博弈方 2 的策略中决定博弈方 3 的推断。如果博弈方 2 的策略为 A',则"要求 4"就对博弈方 3 的推断没有任何限制,但如果博弈方 2 的策略为以 q_1 概率选择 L,q_2 概率选择 R,$1-q_1-q_2$ 概率选择 A',其中,$q_1+q_2=0$,则"要求 4"就限定了博弈方 3 的推断为 $p=q_1/(q_1+q_2)$。

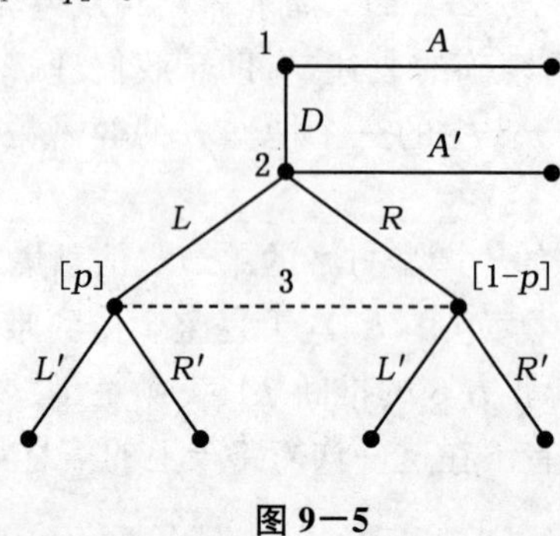

图 9—5

第二节　几种均衡的比较

现在我们讨论几种均衡概念之间的关系。在纳什均衡中，每一个博弈方的策略必须是其他博弈方策略的一个最优反应，于是没有博弈方会选择严格劣势策略。在完美贝叶斯均衡中，“要求 1”和“要求 2”事实上就是要保证没有博弈方的策略是始于任何一个信息集的劣势策略。纳什均衡及贝叶斯纳什均衡对不在均衡路径上的信息集则没有这方面的要求，即使是子博弈完美纳什均衡对某些不在均衡路径上的信息集也没有这方面的要求，如那些不包含在任何子博弈内的信息集。完美贝叶斯均衡弥补了这一缺陷：博弈方不可以使用起始于任何信息集的严格劣势策略，即使该信息集不在均衡路径上。

第十章

信号博弈的完美贝叶斯均衡

第一节　信号博弈

不完全信息动态博弈最简单的例子之一是信号博弈，信号模型已被广泛地应用于经济学领域。它包含两个博弈方：发送者（记为 S）与接收者（记为 R），因为是动态的，博弈的时间顺序规定如下：

（1）"自然"按照概率分布 $p(t_i)$ 为发送者 S 从一个可行类型空间中选取类型 t_i，其中，$p(t_i)>0$ 对每一个 i 成立，且 $p(t_1)+\cdots+p(t_I)=1$；

（2）发送者 S 观察到 t_i 后，从一个可行信号集 $M=\{m_1,\cdots,m_j\}$ 中选取一个发送信号 m_j；

（3）接收者 R 观察到信号 m_j（不是观察到 t_i），然后从可行行动集 $A=\{a_1,\cdots,a_k\}$ 中选择一个行动 a_k；

（4）双方收益分别为 $u_s(t_i,m_j,a_k)$ 与 $u_r(t_i,m_j,a_k)$。

这里，我们简单地将类型空间、可行信号集与可行行动集定义为有限集合。在实际应用中，它们常常表现为连续区间。显然，此时可行信号集依赖于类型空间，而可行行动集则依赖于发送者发出的信号。

现在考虑如图 10－1 所示的博弈。

这是一个简单的抽象信号博弈，其中 N 表示"自然"，$T=\{t_1,t_2\}$，$M=\{m_1,m_2\}$，$A=\{a_1,a_2\}$，图中[p]及[$1-p$]表示自然选择类型时的概率分布。注意，这个博弈依时间顺序应先从自然 N 开始行动，但我们不能将博弈的开头表示为图 10－2 所示的情况。

图 10－2 的表示是错误的，因为在该图中，发送者不知道自己属于何种类型，但在事实上，发送者知道自己的类型。而正确的图 10－1 告诉我们，只有接收者 R 不知道发送者 S 的类型，他只能依据发送者发出的信号来选择自己的行动。

在任何博弈中，博弈方的策略其实是一个完整的行动计划，在博弈方可能被要求采取

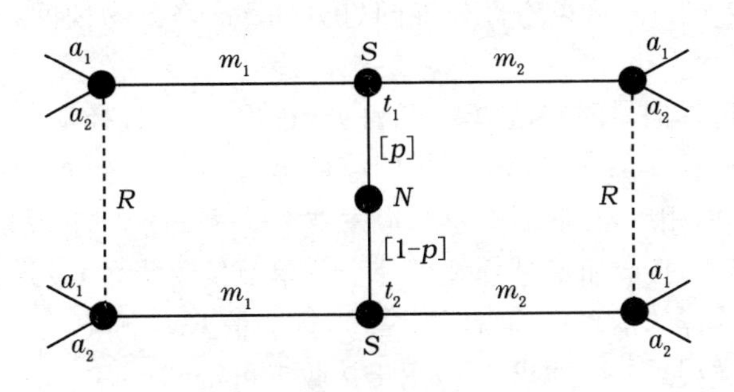

图 10－1

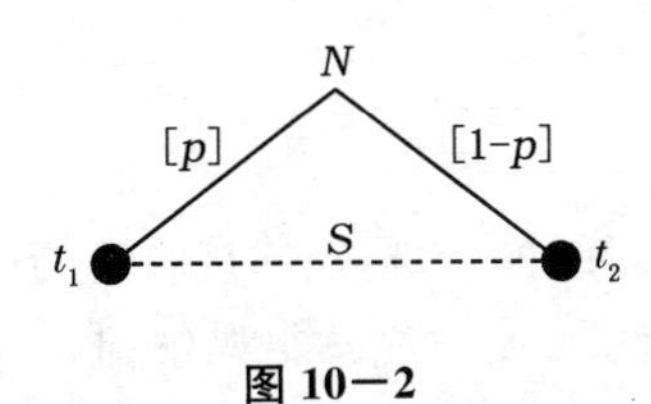

图 10－2

行动的每一个偶然场合，一个策略确定了该场合下的一个可行行动。在信号博弈中，发送者的纯策略是根据自然抽取的可能类型来选取相应的信号，因此，信号可视作类型 t 的函数 $m(t_i)$。而接收者的纯策略是信号的函数 $a(m_j)$，即根据观察到的发送者发出的信号确定自己的行动。在图 10－1 的信号博弈中，发送者 S 与接收者 R 各有 4 个纯策略。

发送者 S 的纯策略：

发送者 S 的策略 1，记为 $S(1)$：若自然抽取 t_1，选择 m_1；若自然抽取 t_2，仍选择 m_1。

发送者 S 的策略 2，记为 $S(2)$：若自然抽取 t_1，选择 m_1；若自然抽取 t_2，则选择 m_2。

发送者 S 的策略 3，记为 $S(3)$：若自然抽取 t_1，选择 m_2；若自然抽取 t_2，则选择 m_1。

发送者 S 的策略 4，记为 $S(4)$：若自然抽取 t_1，选择 m_2；若自然抽取 t_2，仍选择 m_2。

接收者 R 的纯策略：

接收者 R 的策略 1，记为 $R(1)$：若 S 发出 m_1，选择 a_1；若 S 发出 m_2，仍选择 a_1。

接收者 R 的策略 2，记为 $R(2)$：若 S 发出 m_1，选择 a_1；若 S 发出 m_2，则选择 a_2。

接收者 R 的策略 3，记为 $R(3)$：若 S 发出 m_1，选择 a_2；若 S 发出 m_2，则选择 a_1。

接收者 R 的策略 4，记为 $R(4)$：若 S 发出 m_1，选择 a_2；若 S 发出 m_2，仍选择 a_2。

注意到一个事实，发送者 S 的纯策略中的 $S(1)$ 与 $S(4)$ 有一个特点，对于"自然"抽取的不同类型，S 选择相同的信号，具有这类特点的策略称为共用(pooling)策略。至于 $S(2)$ 与 $S(3)$，由于对不同的类型发出不同的信号，故称为分离(separating)策略。由于在这个简单情况中各种集合只有两个元素，由此局中人的纯策略也只有共用与分离这两种；假如类型空间的元素多于两个，那么就有部分共用(partially pooling)或半分离(semi-separating)策略。实际上，各种类型分为不同的组，对于给定的类型组中的所有类型，发送者发出相同的信号，而对于不同组的类型则发出不同的信号。当然，图 10－1 中的博弈只分共用与分离这两种策略是针对纯策略来说的，在这两种类型的展开型博弈中，也存在着混合策略，若自然抽取 t_1，S 选择 m_1；而当自然抽取 t_2，S 在 m_1 和 m_2 这两个信号中随机选择，这样的混合策略称为混同(hybrid)策略。为使问题简化，我们只讨论纯策略。

因为发送者在选择信号时知道博弈进行的全过程，这一选择发生于单节信息集(对自然可能抽取的每一种类型都存在一个这样的信息集)。从而，“要求 1”在应用于发送者时就无需附加任何条件；相反，接收者在不知道发送者类型的条件下观察到发送者的信号，并选择行动，也就是说，接收者的选择处于一个非单节信息集(对发送者可能选择的每一种信号都存在一个这样的信息集，而且每一个这样的信息集中，各有一个节点对应于自然可能抽取的每一种类型)。将“要求 1”应用于接收者可得到：

信号要求 1 在观察 M 中的任何信号 m_j 之后，接收者必须对哪些类型可能会发送 m_j 持有一个推断。这一推断用概率分布 $\mu(t_i|m_j)$ 表示，其中对所求 T 中的 t_i，$\mu(t_i|m_j)\geqslant 0$，且：

$$\sum_{t_i\in T}\mu(t_i|m_j)=1$$

给定发送者的信号和接收者的推断，再描述接收者的最优行为便十分简单，接收者可以选择使自己得益最大化的行动。接收者只能观察到 m_j 而无法观察到 t_i，所以只能依据推断 $\mu(t_i|m_j)$来计算自己的期望得益，将“要求 2”应用于接收者可以得到：

信号要求 2R 对 M 中的每一个 m_j，并在给定哪些类型可能发送 m_j 的推断 $\mu(t_i|m_j)$的条件下，接收者的行动 $a^*(m_j)$必须使接收者的期望效用最大化。也即 $a^*(m_j)$为下式的解：

$$\max_{a_k\in A}\sum_{t_i\in T}\mu(t_i|m_j)U_R(t_i,m_j,a_k)$$

“要求 2”同样适用于发送者，但发送者有完全信息(及由此而来的单纯推断)，并且只在博弈的开始时行动，于是“要求 2”相对比较简单：对给定的接收者的策略，发送者的策略是最优反应。

信号要求 2S 对 T 中的每一个 t_i，在给定接收者策略 $a^*(m_j)$的条件下，发送者选择的信号 $m^*(t_i)$必须使发送者的效用最大化。也即 $m^*(t_i)$为下式的解：

$$\max_{m_j\in M}U_S(t_i,m_j,a^*(m_j))$$

最后，给定发送者的策略 $m^*(t_i)$，令 T_j 表示选择发送者信号 m_j 的类型集合，也就是说，如果 $m^*(t_i)=m_j$，则 t_i 为 T_j 中的元素。如果 T_j 不是空集，则对应于信号 m_j 的信息集就处于均衡路径上；否则，任何类型都不选择 m_j 所对应的信息集则处于均衡路径外。对处于均衡路径上的信号，把“要求 3”应用于接收者的推断，可以得到：

信号要求 3 对每一个 M 中的 m_j，如果在 T 中存在 t_i，使得 $m^*(t_i)=m_j$，则接收者在对应于 m_j 的信息集中所持有的推断必须决定于贝叶斯法则和发送者的策略：

$$\mu(t_i|m_j)=\frac{p(t_i)}{\sum_{t_i\in T_j}p(t_i)}$$

定义 10.1 信号博弈中一个纯策略精炼贝叶斯均衡为一对策略 $m^*(t_i)$和 $a^*(m_j)$以及推断 $\mu(t_i|m_j)$，满足信号要求 1、2R、2S 及 3。

如果发送者的策略是混同的或分离的，我们就称均衡分别为混同的或分离的。下面，我们求解图 10－3 中两种类型博弈的纯策略精炼贝叶斯均衡。请注意，这里自然抽取每一种类型的可能性是相等的，我们分别用$(p,1-p)$和$(q,1-q)$表示接收者在其两个信息集内的推断。

在这个具有两个类型、两种信号的博弈中，由于发送者有4个纯策略，信号博弈有4个可能的纯策略精炼贝叶斯均衡。现在我们将图10－1中的博弈树赋予得益向量(见图10－3)，然后计算纯策略精炼贝叶斯均衡。

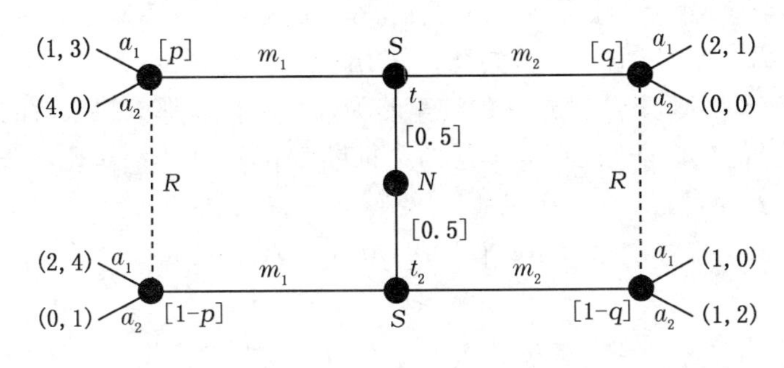

图 10－3

1. 共用m_1

发送者的这个纯策略表明，不管发送者的类型是t_1还是t_2，总是发出同样信号m_1，可以用(m_1,m_1)表示，向量中第一个和第二个元素分别对应于t_1和t_2类型发出的信号。假如博弈存在一个均衡，其中发送者的纯策略是(m_1,m_1)，那么图10－3左边接收者的信息集当然在均衡路径上，我们可以通过"信号要求3"计算得接收者的推断为$(p,1-p)=(0.5,0.5)$。在这个推断下(事实上，在任何其他推断下也一样)接收者在观察到信号m_1之后的最佳反应是a_1，因为从得益来看，此时a_2显然是接收者的严格劣势策略。从而类型t_1与t_2的发送者分别收获得益1与得益2。

那么，两种类型的发送者是否都愿选取信号m_1呢？这需要确定如果发送者发出信号m_2，接收者将如何作出反应以及在相应反应下发送者的得益究竟如何。试想接收者对信号m_2的反应是采取行动a_2，此时类型t_1与t_2的发送者的得益分别为0与1，这少于他们发出信号肯定能获得的得益1与得益2。也就是说，如果接收者对信号m_2的反应是a_2的话，不管哪种类型的发送者都不愿发送信号m_2。如果接收者对于信号m_2的反应是采取行动a_1，那么类型t_2的发送者的得益为1，少于他发出信号m_1后的得益2，但是，类型t_1的发送者的得益2，超过了若发出信号m_1后的得益1。由此，如果接收者对信号m_2的反应是a_1的话，类型t_1的发送者愿意发出信号m_2。注意到我们已经假设存在博弈的均衡，其中发送者的策略是(m_1,m_1)，那么在这样的均衡中，接收者对m_2的反应必定是a_2。于是在这个均衡中，接收者的策略是(a_1,a_2)，其中第一个元素是对信号m_1的反应，第二个元素是对信号m_2的反应。要使接收者的策略(a_1,a_2)是均衡策略，我们必须计算一下接收者的得益，显然，我们只需要检查一下当信号为m_2时接收者采取a_1与a_2的期望得益，由于该信息集上推断为$(q,1-q)$，由此，接收者取a_1的期望得益为9，取a_2的期望得益为$2(1-q)$，要使接收者在观察到信号m_2后不偏离均衡策略a_2，必须$2(1-q)\geqslant q$，即$q\leqslant 2/3$。

结论：$[(m_1,m_1),(a_1,a_2),p=0.5,q\leqslant 2/3]$是博弈的共用完美贝叶斯均衡。

2. 共用 m_2

发送者的纯策略是 (m_2, m_2)，由先验概率也可得 $q=0.5<2/3$，根据“共用 m_1”分析，接收者对于 m_2 的最优反应为 a_2。这样，类型 t_1 的发送者的得益为 0，类型 t_2 的发送者的得益为 1，可是，由于接收者对 m_1 的最优反应是 a_1（不论 p 为何值），由此类型 t_1 的发送者若发出信号 m_1 的得益为 1。可见，发送者的纯策略 (m_2, m_2) 不可能是均衡策略。因为他完全可以偏离该策略而提高自己的获益。

3. 分离：类型 t_1 发出信号 m_1，类型 t_2 发出信号 m_2

如果存在一个均衡，其中发送者的纯策略为 (m_1, m_2)。那么接收者的两个信息集（图 10－3 左右两边）都在均衡路径上，于是两个推断都可由贝叶斯法则与发送者的策略确定。例如，对于 p 而言，

$$p=\mu(t_1 \mid m_1)=p(t_1)/p(t_1)=1$$

同样可得：

$$1-q=\mu(t_2 \mid m_2)=p(t_2)/p(t_2)=1$$

即 $q=0$。给定推断 $p=1$，接收者的最优反应仍是 a_1，给定推断 $q=0$，接收者的最优反应是 a_2。因此，两种类型的发送者的得益均为 1。

现在我们需要检验一下在给定接收者策略 (a_1, a_2) 条件下，发送者的 (m_1, m_2) 是否最优呢？图 10－3 明确地告诉我们，类型 t_2 的发送者如果偏离这个策略不发出信号 m_2 而发出 m_1，那么由于接收者反应为 a_1 而使类型 t_2 发送者的得益为 2，这比他发送信号 m_2 时得到更好的得益，于是在给定接收者策略 (a_1, a_2) 条件下，发送者会有主动偏离 (m_1, m_2) 的可能，故不存在这样的均衡，其中发送者的策略为 (m_1, m_2)。

4. 分离：类型 t_1 发出信号 m_2，类型 t_2 发出信号 m_1

发送者的纯策略为 (m_2, m_1)，如上面那样，我们可以利用贝叶斯法则与发送者的策略确定接收者的两个推断：$p=0$ 与 $q=1$。在给定这两个推断的情况下，接收者的最优反应是 (a_1, a_1)，从而类型 t_1 与 t_2 的发送者的得益均为 2。仍然要看看发送者是否会单方面偏离。

如果类型 t_1 发送者偏离而发出信号 m_1，那么由于接收者对 m_1 的反应是 a_1，则使类型 t_1 发送者的得益仅为 1；如果类型 t_2 发送者偏离而发出信号 m_2，接收者反应仍为 a_1，发送者的得益也为 1。显然，无论发送者属于何种类型，都不可能激励他偏离策略 (m_2, m_1)。

结论：$[(m_2, m_1), (a_1, a_1), p=0, q=1]$ 是博弈的分离完美贝叶斯均衡。

第二节 应用举例

一、股权换投资（公司投资和资本结构）

某个企业家已经注册了一个公司，但需要对外融资以投资一个颇具吸引力的项目。该企业家拥有关于公司盈利能力的私人信息，但是新项目的收益却无法从原企业收益中分析得出——所能观测到的，只有企业总的利润水平。假设企业向潜在投资者承诺一定的股权份额，以换取必要的资金。那么，在什么条件下应该上马新项目，并且承诺的股权份额应该为多少？这是下面要讨论的公司投资和资本结构问题。

为把上述问题转化为一个信号博弈，假设现存公司的利润要么高，要么低：$\pi=L$ 或 H，这里 $H>L>0$。为表现出新项目是具有吸引力的，假设需要的投资为 I，将得到的收益为 R，潜在投资者其他方式投资的回报率为 r，且 $R>I(1+r)$。则博弈的时间顺序和收益情况如下：

(1)自然决定现存公司的利润状况，$\pi=L$ 的概率为 p；

(2)企业家了解到 π，其后向潜在投资者承诺一定的股权份额 s，这里 $0\leqslant s\leqslant 1$；

(3)投资者观测到 s(但不能观测到 π)，然后决定是接受还是拒绝这一开价；

(4)如果投资者拒绝开价，则投资者的收益为 $I(1+r)$，企业家的收益为 π，如果投资者接受，则投资者的收益为 $s(\pi+R)$，企业家的收益为 $(1-s)(\pi+R)$。

假设投资者在接到开价 s 之后，投资者推断 $\pi=L$ 的概率为 q，即 $\mu(\pi=L|s)=q$，则投资者将接受 s，愿意投资的期望效用为 $s[qL+(1-q)H+R]$，当且仅当

$$s[qL+(1-q)H-R]\geqslant I(1+r) \tag{10-1}$$

投资者愿意接受 s，对企业家来讲，假设现存公司的收益为 π，并愿意以股权份额 s 为代价获得融资，接受投资者的资金 I 以后新项目的收益为 R，当且仅当

$$s\leqslant R/(\pi+R) \tag{10-2}$$

考虑这个信号博弈中是否存在共用完美贝叶斯均衡。假如存在共用均衡，那么企业家无论 $\pi=H$ 或者 $\pi=L$，都将会向投资者提出相同的开价 s。投资者在观察到 s 之后，对原来公司收益是高还是低的推断 $\mu(\pi=L|s)=q$ 应该等同于“自然”选取 $\pi=L$ 的先验概率 p，即 $q=p$。投资者认为企业家以 s 换取 I 的充要条件是(10－2)式，而 $\pi=L$ 比 $\pi=H$ 更容易使(10－2)式成立，或者说，当 $\pi=H$ 时，(10－2)式的成立相对更困难一些。给定 $q=p$，综合(10－1)式与(10－2)式可知，当且仅当

$$\frac{I(1+r)}{pL+(1-p)H+R}\leqslant\frac{R}{H+R} \tag{10-3}$$

时，共用完美贝叶斯均衡的确存在。当 $p\to 0$ 时，(10－3)式几乎成为 $R>I(1+r)$，这是我们在建立模型之初所假设的基本条件，也就是说，当 p 充分地接近于 0 时，(10－3)式成立，因为 $R>I(1+r)$，博弈存在共用完美贝叶斯均衡。但是，当 p 充分接近于 1 时，仅当

$$R-I(1+r)\geqslant\frac{I(1+r)H}{R}-L \tag{10-4}$$

时，(10－3)式才成立。从直观理解，共用均衡的困难之处是，高利润类型必须补贴低利润类型。(10－1)式中令 $q=p$，可得 $s\geqslant I(1+r)/[pL+(1-p)H+R]$，如果投资者确信 $\pi=H$（即相信公司是高利润的，$q=0$），则他将接受较少的开价股份 $s\geqslant I(1+r)/(H+R)$。在共用均衡中，投资者以投资 I 要求得到较多的均衡股份，对于高效益公司来说过于昂贵，也许这样昂贵的索取会使高效益公司放弃新项目。

如果(10－3)式不成立，则不存在共用均衡。那么是否存在分离完美贝叶斯均衡呢？企业家的分离策略可写作 s_L 与 s_H，分别对应于低效益类型与高效益类型公司开出的股份数。如前面所分析的那样，$s_L>s_H$，因为高效益公司不愿花费昂贵代价引进新项目。分别计算得到 $\mu(L|s_L)=\mu(L|s_H)=1$，在给定推断 $\mu(L|s_L)=1$ 条件下，低效益类型公司开出 $s_L=I(1+r)/(L+R)$，并为投资者所接受。不过，此时投资无效率，因为投资

者获得盈利 $I(1+r)$，这是他不参与该项投资就能得到的收益。在推断 $\mu(L \mid s_H)=1$ 条件下，似乎也可以使 s_H 为 $I(1+r)/(L+R)$，但是由于前提条件是：(10－3)式不成立，因此 $I(1+r)$ 与 R 几乎无差异。对于高效益公司来说，只有令 $s_H<I(1+r)/(L+R)$，才会感到可以降低昂贵的成本，否则它几乎没有挣钱，反而承担一定风险，从而不愿引进新项目。对于这样的 s_H，投资者肯定不会接受，因为他的收益还不如他不投资这个项目。这个均衡说明了发送者的可行信号集是无效率的情况：高效益类型的企业无法把自己的优势特色显示出来，对高效益公司有吸引力的投资项目对低效益公司更具吸引力。模型表现出的内在机制迫使企业寻求债务融资或寻找内部资金渠道。

现在考虑企业家在选择股权融资的同时，还可以选择债务融资的情况。假设投资者接受债务契约 D，如果企业家不宣告破产，那么投资者收益是 D，企业家的收益是 $(\pi+R-D)$；如果企业家宣布破产，那么投资者的收益是 $(\pi+R)$，而企业家则一无所有。考虑到低效益类型的收益仍为正，此时总存在一个共用完美贝叶斯均衡，不管是高类型还是低类型均开价 $D=I(1+r)$，且为投资者接受。如果 L 为足够大的负数，使得 $L+R<I(1+r)$，即达到资不抵债的情形，那么投资者不会接受。

如果 L 与 H 不是表示确定的收益而是表示期望收益，可以得到相似的结论。令类型 π 表示：现存公司以 1/2 概率获益 $(\pi+K)$，以 1/2 概率获益 $(\pi-K)$（注意：此时 $\pi=L$，H 不是确定事件）。假如 $L-K+R<I(1+r)$，低效益公司将有 1/2 的概率不能清偿债务 $D=I(1+r)$，投资者当然不会接受契约。

二、KMRW 声誉模型

在现实世界中，人们大多数行为之间的相互作用或博弈是重复发生的。例如，雇主与雇员之间的劳资协议；消费者在同一食品商店购买食品，并经常购买同一品牌的商品；垄断市场的厂商进入的问题；各国之间的关税谈判；中央政府与地方政府的利益分配（如分税制）、政府税收方案与企业行为、央行的货币政策与公众的预期行为等。

在完全信息情况下，不论博弈重复多少次，只要重复的次数是有限的，唯一的子博弈精练纳什均衡是每个博弈方在每次博弈中选择静态均衡策略，即有限次数重复不可能导致博弈方的合作行为。特别是，在有限次数重复囚徒博弈中，每次都选择“坦白”是每个囚徒的最优策略。这一结果似乎与人们的直观感觉不一致。阿克斯罗德(Axelrod,1981)的实验结果表明，即使在有限次数重复博弈中，合作行为也会频繁出现。1982 年，克瑞普斯(Kreps)、米尔格罗姆(Milgrom)、罗伯茨(Roberts)和威尔逊(Wilson)建立的声誉模型(reputation model)(称为 KMRW 声誉模型)通过将不完全信息引入重复博弈，对这种现象作了很合理的解释。他们证明，博弈方对其他博弈方得益函数或策略空间的不完全信息对均衡结果有重要影响，只要博弈重复的次数足够长（没有必要是无限的），合作行为在有限次数博弈中会出现。特别是，“坏人”可能在相当长一段时期内表现得像“好人”一样。

以囚徒困境为例说明 KMRW 模型的结果。假定囚徒 1 有两种类型，理性的或非理性的概率分别为 $(1-p)$ 和 p。假定囚徒 2 只有一种类型，即理性的。假定理性的囚徒可以选择任何策略。阶段博弈的得益矩阵如图 10－4 所示。非理性的囚徒 1 由于某种原因，只有一种策略，即“针锋相对”：开始选择“抵赖”，然后在 t 阶段选择囚徒 2 在 $t-1$ 阶段的选择（即“你抵赖我就抵赖，你坦白我就坦白”）。博弈的顺序如下：

(1)自然首先选择囚徒 1 的类型；囚徒 1 知道自己的类型，囚徒 2 只知道囚徒 1 是理性的概率为$(1-p)$，非理性的概率为 p。

(2)两个囚徒进行第一阶段博弈。

(3)观测到第一阶段博弈结果后，进行第二阶段博弈；观测到第二阶段博弈结果后，进行第三阶段博弈；如此等等。

(4)理性囚徒 1 和囚徒 2 的得益是阶段博弈的得益的贴现值之和(假定贴现因子 $\delta=1$)。

		囚徒2 坦白	囚徒2 抵赖
囚徒1	坦白	-8，-8	0，-10
	抵赖	-10，0	-1，-1

图 10－4

首先讨论博弈只重复两次($T=2$)的情况。用 C 代表"坦白"(Confess)，D 代表抵赖(Deny)(因此，C 代表非合作行为，D 代表合作行为)。与完全信息情况一样，在最后阶段($t=2$)，理性囚徒 1 和囚徒 2 都将选择 C，非理性囚徒 1 的选择依赖于囚徒 2 在第一阶段的选择。在第一阶段，非理性囚徒 1 选择 D(根据假定)；理性囚徒 1 的最优选择仍然是 C，因为他的选择不会影响囚徒 2 在第二阶段的选择。因此，我们只需要考虑囚徒 2 在第一阶段的选择(X)，他的选择将影响非理性囚徒 1 在第二阶段的选择，如图 10－5 所示。

	$t=1$	$t=2$
非理性囚徒1	D	X
理性囚徒1	C	C
囚徒2	X	C

图 10－5　博弈重复两次

如果选择 $X=D$，囚徒 2 的期望得益是：

$$[p(-1)+(1-p)(-10)]+[p\times 0+(1-p)(-8)]=17p-18$$

其中，等式左边第一项是第一阶段的期望得益，第二项是第二阶段的期望得益。

如果选择 $X=C$，囚徒 2 的期望得益是：

$$[p\times 0+(1-p)(-8)]+[-8]=8p-16$$

因此，如果条件 $17p-18\geqslant 8p-16$，即 $p\geqslant 2/9$ 被满足时，囚徒 2 将选择 $X=D$。

换言之，如果囚徒 1 属于非理性的概率不小于 2/9，囚徒 2 将在第一阶段选择抵赖(合作)。此时，假定 $p\geqslant 2/9$。

博弈重复三次($T=3$)的情况。给定 $p\geqslant 2/9$，如果理性囚徒 1 和囚徒 2 在第一阶段都选择 D(合作)，那么第二和第三阶段的均衡路径与图 10－5 相同(其中，$X=D$)，总的路径如图 10－6 所示。下面推导出图 10－6 是均衡的充分条件。

首先考虑理性囚徒 1 在第一阶段的策略。当博弈重复三次时，C 不一定是理性囚徒 1

	$t=1$	$t=2$	$t=3$
非理性囚徒1	D	D	D
理性囚徒1	D	C	C
囚徒2	D	D	C

图 10—6　博弈重复三次的均衡

在第一阶段的最优选择，因为尽管选择 C 在第一阶段可能得到 0 单位的最大得益(如果囚徒 2 选择 D)，但这暴露出他是理性的，囚徒 2 在第二阶段就不会选择 D。理性囚徒 1 在第二阶段的最大得益是(−8)；但如果选择 D，不暴露自己是理性的，理性囚徒 1 可能在第一阶段得到(−1)、第二阶段得到 0。

给定囚徒 2 在第一阶段选择 D，如果理性囚徒 1 选择 D，囚徒 2 的后验概率不变，因而在第二和第三阶段选择(D,C)，理性囚徒 1 的期望得益是：

$$[-1]+[0]+[-8]=-9$$

如果理性囚徒 1 在第一阶段选择 C，暴露自己的理性特征，囚徒 2 将在第二阶段和第三阶段选择(C,C)，理性囚徒 1 的期望得益是：

$$[0]+[-8]+[-8]=-16$$

因为 $-9>-16$，理性囚徒 1 的最优选择是 D(偏离图 10—6 的策略)。

现在考虑囚徒 2 的策略。囚徒 2 有三种策略，分别为(D,D,C)、(C,C,C)和(C,D,C)。给定理性囚徒 1 在第一阶段选择 D(第二、第三阶段选择 C)，囚徒 2 选择(D,D,C)的期望得益为：

$$[-1]+[p(-1)+(1-p)(-10)]+[p\times 0+(1-p)(-8)]=17p-19$$

如果囚徒 2 选择(C,C,C)，博弈路径如图 10—7 所示，期望得益是：

$$[0]+[-8]+[-8]=-16$$

	$t=1$	$t=2$	$t=3$
非理性囚徒1	D	D	C
理性囚徒1	D	C	C
囚徒2	C	C	C

图 10—7　第二种策略

因此，(D,D,C)优于(C,C,C)，如果：

$$17p-19\geqslant -16$$

即：

$$p\geqslant 3/17$$

因为假定 $p\geqslant 2/9$，上述条件被满足。

如果囚徒 2 选择(C,D,C)，博弈路径如图 10—8 所示，期望得益是：

$$(0)+(-10)+[p\times 0+(1-p)(-8)]=8p-18$$

因此，(D,D,C)优于(C,D,C)，如果：

	t=1	t=2	t=3
非理性囚徒1	D	C	D
理性囚徒1	D	C	C
囚徒2	C	D	C

图 10－8 第三种策略

$$17p-19\geqslant 8p-18$$

即：

$$p\geqslant 1/9$$

因为假定 $p\geqslant 2/9$，上述条件被满足。

上述分析表明，只要囚徒 1 是非理性的概率 $p\geqslant 2/9$，图 10－6 所示的策略组合就是一个精炼贝叶斯均衡：理性囚徒 1 在第一阶段选择 D，然后在第二和第三阶段选择 C；囚徒 2 在第一和第二阶段选择 D，然后在第三阶段选择 C。将任何一个囚徒选择 C 的阶段称为非合作阶段，两个囚徒都选择 D 称为合作阶段，那么，容易看出，只要 $T>3$，非合作阶段的总数量等于 2，与 T 无关。以上的讨论中，我们假定只有囚徒 1 的类型是私人信息（单方非对称信息）。这个假设下，如果 $p<2/9$，合作均衡不可能作为精炼贝叶斯均衡出现（在假定的参数下）。但是，如果假定两个囚徒的类型都是私人情息，也就是说，每个囚徒都有 $p>0$ 的概率是非理性的，那么。不论 p 多么小（但严格大于 0），只要博弈重复的次数足够多，合作均衡就会出现。

KMRW 定理 在 T 阶段重复囚徒博弈中，如果每个囚徒都有 $p>0$ 的概率是非理性的，如果 T 足够大，那么存在一个 $T_0<T$，使得下列策略组合构成一个精练贝叶斯均衡：所有理性囚徒在 $t\leqslant T_0$ 阶段选择合作（抵赖），在 $t>T_0$ 阶段选择不合作（坦白）；并且非合作阶段的数量（$T-T_0$）只与 p 有关而与 T 无关。

KMRW 定理告诉我们：每一个囚徒在选择合作时冒着被其他囚徒出卖的风险（从而可能得到一个较低的现阶段得益），若他选择不合作，就暴露了自己是非合作型的，从而失去了获得长期合作收益的可能，如对方是合作型的话。如果博弈重复的次数足够多，未来收益的损失就会超过短期被出卖的损失，在博弈的一开始，每一个博弈方都想树立一个合作形象，即使他在本性上并不是合作型的；只有在博弈快结束的时候，博弈方才会一次性地把自己过去建立的声誉用尽，合作才会停止（因为此时，短期收益很大而未来损失很小）。

三、货币政策

应用 KMRW 模型来分析宏观经济学中的一个重要问题——政府的货币政策。假定公众认为政府有两种可能的类型：强势政府或弱势政府。强势政府从来不制造通货膨胀；弱势政府有兴趣制造通货膨胀，但通过假装强势政府，可以建立一个不制造通货膨胀的声誉。公众不知道政府的类型，但可以通过观测通货膨胀率来推断政府的类型。特别是，一旦政府制造了通货膨胀，公众就认为政府是弱势政府，在理性预期下，政府在随后阶段制造的通货膨胀不能带来任何产出或就业的好处。因此，我们要讨论的是在什么条件下，弱势政府将选择不制造通货膨胀。

政府从自身目标出发，希望通货膨胀率为0，但产出(y)能达到有效率的水平(y^*)。我们可以把政府的收益用下式表示：

$$U(\pi,y)=-c\pi^2-(y-y^*)^2$$

其中，$b<1$反映了产品市场上垄断力量的存在(从而如果没有意料外的通货膨胀，则真正产出小于有效率的产出水平)，且$d>0$表示意料外的通货膨胀通过真实工资对产出的作用，由此我们可以将政府的单个阶段收益表示为：

$$W(\pi,\pi^e)=-c\pi^2-[(b-1)y^*+d(\pi-\pi^e)]^2$$

这里，π为真实的通货膨胀率，π^e为公众对通货膨胀的预期值，y^*为有效率的产出水平。公众的收益为$-(\pi-\pi^e)^2$，即公众总是试图正确预测通货膨胀率，在$\pi=\pi^e$时他们达到收益最大化(最大化收益为0)。在两阶段模型中，每一个博弈方的收益都是各博弈方单阶段收益的简单相加，$W(\pi_1,\pi_1^e)+W(\pi_2,\pi_2^e)$、$-(\pi_1-\pi_1^e)^2-(\pi_2-\pi_2^e)^2$，其中$\pi_t$为阶段$t$的真实通货膨胀，$\pi_t^e$为公众(在$t$阶段开始时)对于阶段$t$通货膨胀的预期。

收益函数$W(\pi,\pi^e)$中的参数c反映了政府在零通胀和有效产出两个目标之间的替代，现在我们假定这一参数只是政府的私人信息$c=S$或W(分别表示对治理通货膨胀的态度强硬(Strong)或软弱(Weak))，这里$S>W>0$，从而两阶段博弈的时间顺序如下：

(1)自然赋予政府某一类型c，$c=W$的概率为p。

(2)公众形成他们对第一期通货膨胀的预期π_1^e。

(3)政府观测到π_1^e，其后选择第一期的真实通货膨胀π_1。

(4)公众观测到π_1(而不能观测到c)，然后形成他们对第二期通货膨胀的预期π_2^e。

(5)政府观测到π_2^e，然后选择第二期的真实通货膨胀。

从这一个两阶段货币政策博弈中，可以抽象出单阶段信号博弈。发送者的信号为政府对第一期通货膨胀水平的选择π_1，接收者的行动为公众对第二期通货膨胀的预期π_2^e。公众第一期对通货膨胀的预期以及政府第二期对真实通货膨胀水平的选择分别为信号博弈之前及之后的行动。

在单阶段问题中，给定公众的预期π^e，政府对π的最优选择为：

$$\pi^*(\pi^e)=\frac{d}{c+d^2}[(1-b)y^*+d\pi^e]$$

同样的论证结论意味着如果政府的类型为c，给定预期π_2^e，则其对π_2的最优选择为

$$\frac{d}{c+d^2}[(1-b)y^*+d\pi^e]\equiv\pi_2^*(\pi_2^e,c)$$

预测到这一点，如果公众推断$c=W$的概率为q，并据此开始第二阶段的博弈，则他们将选择$\pi_2^e(q)$，以使下式最大化：

$$-q[\pi_2^*(\pi_2^e,W)-\pi_2^e]^2-(1-q)[\pi_2^*(\pi_2^e,S)-\pi_2^e]^2 \qquad (10-5)$$

在混同均衡中，两种类型所选择的第一期通货膨胀相同，不妨以π^*表示，于是，公众第一期的预期为$\pi_1^e=\pi^*$。在均衡路径上，公众推断$c=W$的概率为p，开始第二阶段的博弈，并形成预期的$\pi_2^e(p)$，则类型为c的政府对给定的预期，选择最优的第二期通货膨胀水平。具体而言，即为该博弈的结束。为完成对这样一个均衡的描述，还必须(同往常一样)明确接收者处于均衡路径之外的推断，根据(10-5)式计算相应的均衡路径之外的

行为，并检验这些均衡路径之外的行为对任何类型的发送者，都不会使其有动机偏离均衡。

在分离均衡中，不同类型选择的第一期通货膨胀水平不同，分别以 π_W 和 π_S 表示，于是公众第一阶段的预期为 $\pi_1^e = p\pi_W + (1-q)\pi_S$。观测到 π_W 之后，公众推断 $c=W$ 并开始第二阶段，形成预期 $\pi_2^e(1)$；类似地，观测到 π_S 形成的预期为 $\pi_2^e(0)$。在均衡中，软弱类型选择 $\pi_2^*[\pi_2^e(1), W]$，强硬类型则选择 $\pi_2^*[\pi_2^e(0), S]$，博弈结束。

为完成对这一均衡的描述，不仅要明确接收者在均衡路径之外的推断和行动，并检验没有任何类型的发送者将有动机偏离，这与前面相同；而且，还要检验两种类型都没有动机去伪装另外类型的行为。

在这一博弈中，软弱类型可能会在第一阶段被吸引选择 π_S，从而诱使公众第二阶段的预期为 $\pi_2^e(0)$，并在其后选择 $\pi_2^*[\pi_2^e(0), W]$，使博弈结束。这是由于即使 π_S 较低，以至于软弱类型有些不情愿，但都会使 $\pi_2^e(0)$非常之低，使之可从第二阶段的预料外通货膨胀 $\pi_2^*[\pi_2^e(0), W] - \pi_2^e(0)$之中获得巨大收益。在分离均衡中，强硬类型选择的第一期通货膨胀水平必须足够低，使得软弱类型没有动力去伪装成强硬类型，即使在第二阶段可获得预料外通货膨胀的好处。对许多参数的值，这一约束使得 π_S 低于强硬类型在完全信息下将会选择的通货膨胀水平。

第四部分思考题

1.一般可以传递信息的行为特征是什么?
2.企业对员工的试用期多长时间较为合适?
3.企业的人事部门如何制订一份招聘广告?应该包括哪些步骤和内容?

第五部分

博弈论方法应用

应用导论

笔者是在做博士研究生偶然接触博弈论，并且很快将博弈方法应用到自己的研究中，感受到博弈方法在科研应用上的益处。

从2002年9月，笔者开始博弈论教学工作，教授的学生从本科、硕士到博士，如何带领学生学习和掌握博弈论方法？笔者不仅注重博弈理论的学习，而且不断地改进教学方法。博弈思想广泛应用于政治、经济和军事等领域，是经济分析的重要方法。“博弈论”课程的特点是要理论联系实际，通过对博弈论的课程学习，使学生掌握博弈论的基本思想和方法，并能运用博弈论的理论分析现实生活中的经济和社会现象，培养学生选择最佳经济、管理决策的综合能力。教学中，笔者注重对学生博弈建模能力的培养，指导学生应用博弈方法，建立博弈模型，运用博弈论思想解决问题。所以，在课堂教学中，笔者不断创新教学方法。“博弈论”课程教学方法探析的教改项目，获得了2011年度上海财经大学创新人才培养本科教学改革课题项目立项。通过项目建设，笔者总结“博弈论”课程的教学经验，完善教学方法，让学生感受到对“博弈论”课程的学习不仅仅是修读了一门课程，更重要的是提高他们运用博弈理论知识处理现实世界中各种复杂问题的意识、信念和能力。

作为导师，笔者建议学生在研究中应用博弈方法。学生的毕业论文中大多应用博弈论方法来研究不同背景下的现实问题。对于研究生和本科生的毕业论文，笔者也是要求学生应用博弈方法解决某一个实际问题，锻炼学生的应用能力，其中有不少篇论文被评为优秀论文。

十几年来，学生的课程论文，运用博弈方法解决的问题，涉及了不同的角度，不同的实际经济和生活领域，可见博弈方法应用之广泛。

这一部分，所选择的文章是笔者所指导的学生应用博弈方法解决现实问题的应用案例。

瓦尔拉斯定价机制与议价行为的博弈比较

张明喜

2006320026 上海财经大学公共经济与管理学院　财政学博士研究生

摘　要:议价问题与市场经济之间具有现实与本质的联系,而传统经济学对其研究却十分薄弱。博弈理论的兴起,大大推进了这一领域尤其是其行为层面的研究。本文在探究议价内涵以及剖析方法论的基础上,从新古典经济学一般均衡定价模型入手,将其与博弈论中的议价模型作比较,并且分析了议价过程如何决定市场价格。最后在新兴古典经济学模型中重新探讨了瓦尔拉斯定价机制,证明了这一非人格化的市场价格比博弈分析中的分散的议价更为有效。本文采取实证研究和规范研究相结合的分析方法,并将分析纳入新兴古典分析框架①之内。

关键词:议价　瓦尔拉斯均衡　博弈论

一、引论

在新古典瓦尔拉斯均衡理论中,人与人的交互作用是通过价格间接发生的,没有人能选择价格,所以也没有人与人自利行为之间的直接交互作用。每个决策者都不管他人的决策如何,而只是对非人格的市场价格做出反应。在这种错综复杂的交互作用中,经济本身存在一种自发的和谐机制使各种活动趋于均衡。即存在这样一组价格,使所有市场上的全部产品都能出清,这种机制被称为瓦尔拉斯价格机制。为了在实际经济体系中达到该状态,假定存在作为发生在虚构空间中并被一个一心一意寻找价格的抽象的拍卖人所操纵的一个暂时的试错过程②。这实际上是一种集中定价,它要求市场信息是完备的,不存在交易成本。如果放松瓦尔拉斯拍卖人的假定,让自由进入决定各种产品的买卖人数,而由这人数决定市场价格,本行业的专家人数越少,其产品相对价格越高,本行业专家效用越高,越多人会从其他行业转入该行业,因此该专业产品供给相对需求上升,这反过来使产品价格下降,这是一种价格制度的负反馈调节机制,整个价格机制完全是分权而非集权的,而在这种很多人无意的交互作用中市场价格就形成了,但这种非人格的分散定价过程似乎是市场非常发达的结果,在大多数发展中国家,由于生产和消费的不确定性、信息不对称与不完全,议价似乎是一种更为普遍的经济现象。

---

① 即以专业化经济表征生产条件,不存在纯消费者和企业的绝对分离,每个人的最优决策是角点解。

② Andreu Mas-Colell, Michael D. Whinston, Jerry R. Green. *Microeconomic Theory*, p. 873, Hodder Paperback, 1995.

二、Nash 议价模型

Nash(1950,1953)认为议价的特征由两点决定:第一,议价结果所产生的收益分配情况;第二,如果谈判破裂会产生什么结果。

Nash 指出,议价解(纳什解)应该满足以下公理:

公理 1 个体理性。$(u_1,u_2)>(c_1,c_2)$,即(u_1,u_2)优超(c_1,c_2),(c_1,c_2)为现状点。

公理 2 联合理性。p 中不存在优超(u_1,u_2)的效用值,即满足 pareto 最优。它实际上是古典经济学中的联合理性前提,是指在不减少议价一方效用前提下增加另一方效用是不可能的。

公理 3 对称性(symmetry)。在两个议价人涉及的所有方面均相同的对称议价中,议价解也是对称的。在对称议价中,谈判双方的地位一模一样,如果互换地位仍是相同的谈判局势。即互换议价双方不改变议价结果。

公理 4 线性不变性(invariance to linear trans-formations of utility)。如果对谈判的效用模型中任何一方的效用函数作保序线性变换,则谈判的实物解不变,效用解由原谈判的效用解经过相同保序线性变换而得。保序线性变换则是对效用函数 U 进行如下线性变换:$au+b$,$a>0$,在保序线性变换下,偏好的结构不变,变动的仅是效用的数值(效用的相对度量)。

公理 5 无关选择(independence of irrelevant alternatives)。记 G 为一种谈判局势,其现状点(c_1,c_2),可行集为 P,解为(c_1,c_2)。设 G'为一新谈判局势,可行集 P'是 P 的一个子集,现状点(u_1,u_2)在 P'内,则(u_1,u_2)仍为 G'的解。即效用可行集的缩减并不影响双边议价的议价解。

至此,Nash 提出了一个著名定理:在满足公理 1~5 的前提下,议价博弈将有一个唯一的一致点或解,它能使得对合作博弈来说,其解函数为 $\phi(F,v)$(F 为所有支付构成的一个有界凸集,称之为可行集,$v(c_2,c_2)$为现状点的支付),并且这个解函数应同时满足最大化纳什积的要求,即 $\phi(F,v)\in \arg\max((u_1-c_1)(u_2-c_2))$,并能够满足$(u_1,u_2)\in F$,且 $u_1\geqslant c_1$ 和 $u_2\geqslant c_2$。该定理的详细证明可参见 Nash(1950)和 Harsanyi (1997)。显然,Nash 议价模型的诞生使得议价问题在理论上首次清晰起来,Nash 解的获得意味着新古典理论中的 Edgeworth 契约曲线由无数个点收缩为一个点。

在专业化经济和分工经济的范畴内,将上述 Nash 议价模型具体化。

假设:条件相同的消费者和生产者在完全信息下进行交易,即支付函数是共同知识(Common Knowledge)

专业生产 x 的支付(pay off)函数为 $u_x=(1-x^s)ky^d$,s.t.$p_x x^s=p_y y^d$

专业生产 y 的支付函数为 $u_y=(1-y^s)kx^d$,s.t.$p_x x^s=p_y y^d$

供求相等是议价中的一个约束,所以有 $x^s=x^d=X$,$y^s=y^d=Y$

x 专家的净支付函数为 $V_x=(1-X)kY-u_A$

y 专家的净支付函数为 $V_y=(1-Y)kX-u_A$(威胁点 $u_A=2^{-2a}$ 为不参与交易的自给自足支付值[①],$k\in(0,1)$,$1-k$ 为交易费用系数)

---

① 具体求解过程参见杨小凯:《经济学原理》,中国社会科学出版社 1998 年版,第 64~73 页。

议价过程会将纳什积 V 最大化，即：

$$\text{Max}V=V_x{}^*V_y \quad \text{F.O.C:}\partial V/\partial X=\partial V/\partial Y=0$$

其解为：$X^*=Y^*=1/2, u_D=u_x^*=u_y^*=k/4$

这时纳什议价与瓦尔拉斯均衡并没有什么差别，这也意味着纳什议价均衡在没有信息问题时不会产生内生交易费用，对策双方都是将预期收入 u 最大化，同时提出自己愿意接受的价格，由于双方的对称地位，各方愿意接受的价格在完全信息条件下并不会有冲突。显然，纳什议价均衡符合帕累托最优①，然而纳什议价均衡是静态的，即对策双方同时行动，静态是一个信息的概念，每个人在选择自己行动时不知道其他人的选择。

三、动态议价模型

然而，在现实情况中，议价通常是一个不断的"出价—还价"(offer-counteroffer)过程。罗宾斯泰英(Rubinstein，1982)的动态议价(dynamic bargaining)模型试图模型化这样一个过程，他巧妙地引入了一个贴现因子 δ，将时间因素纳入议价模型的讨论中。在此模型中，存在两个参与人即 1 和 2，$(x_i, 1-x_i)$分别代表第 i 个参与人出价中参与人 1 所占的份额和参与人 2 所占的份额，δ_i 为第 i 个人的贴现因子，其中 $i=1,2$。假定参与人 1 先出价$(x_1, 1-x_1)$，此时参与人 2 会将自己下轮得到份额贴现到本轮，与本轮所得 $1-x_1$ 作比较；对这一点参与人 1 也知道，所以参与人 1 所提出的 x_1，要使参与人 2 拒绝 $1-x_1$ 时的支付不优于接受 $1-x_1$，即 $1-x_1 \geqslant \delta_2(1-x_2)$，同时参与人 1 也要使自己的支付最大化，所以有：

$$1-x_1=\delta_2(1-x_2) \tag{1}$$

同理，在第二轮中，参与人 2 选择 x_2 的原则是在使参与人 1 可接受的范围内最大化自己的支付，即参与人 1 拒绝和接受 x_2 支付相等，所以有：

$$x_2=\delta_1 x_3 \tag{2}$$

从第三轮开始的议价将重复第一轮的情形，即：

$$x_3=x_1 \tag{3}$$

联立(1)、(2)、(3)式得：

$$x_1^*=\frac{1-\delta_2}{1-\delta_1\delta_2}=1-\frac{\delta_2(1-\delta_1)}{1-\delta_1\delta_2} \quad x_2^*=\frac{\delta_2(1-\delta_1)}{1-\delta_1\delta_2}$$

如果 $\delta_1=\delta_2=\delta$，则 $x_1^*=x_2^*=\frac{1}{1+\delta}$。

以上定理暗含着两个重要的结论：

(1)耐心优势：$\partial x_1^*/\partial\delta_1 \geqslant 0, \partial x_1^*/\partial\delta_2 \leqslant 0 \quad \partial x_2^*/\partial\delta_2 \geqslant 0, \partial x_2^*/\partial\delta_1 \leqslant 0$

δ 越趋近于 1 表明耐心优势越大，反之亦然。当 $\delta_2=0$ 时，$x_1^*=1, x_2^*=0$；但当 $\delta_1=0$，$x_1^* \neq 0$，这就是(2)先动优势，即使参与 1 毫无耐心也可以得到一定的份额。

现在将上文纳什议价下分工模型在按照动态议价理论重新构建如下：

第一阶段，由于模型的对称性，专于 x 或专于 y 不是关键，关键是谁先要价。假设 x 专家先要价 X_1、Y_1，对应为：

---

① 帕累托有效也是纳什议价模型得以建立的公理之一，见上文公理 2——联合理性。

$$\text{Max}u_{1x}=(1-X_1)kY_1 \quad \text{s.t.}u_{1y}\equiv(1-Y_1)kX_1=\delta(1-Y_2)kX_2\equiv\delta u_{2y} \tag{4}$$

第二阶段，y 要价 X_2,Y_2，对应为：

$$\text{Max}u_{2y}=kX_2(1-Y_2) \quad \text{s.t.}(1-X_2)kY_2=\delta(1-X_1)kY_1 \tag{5}$$

在求解子对策完备均衡时可用逆向归纳法，通过式(5)先求出第二阶段博弈的纳什均衡解，代入式(4)得：

$$X_1^*=\sqrt{\delta}/(1+\sqrt{\delta}),Y_1^*=1-X_1^*=1/(1+\sqrt{\delta})$$

进一步可求出：

$$u_{1x}^*=k/(1+\sqrt{\delta})^2 \quad u_{2y}^*=\delta k/(1+\sqrt{\delta})^2$$

由于上述演算都是约束条件下的效用最大化，所以动态议价求解过程中的拉格朗日问题与代表帕累托最优的拉格朗日问题一样，所以这个动态议价过程也一定是最优的，即这个过程中不会产生内生交易费用。这点与纳什议价解的性质相一致。但由于先动优势的存在，动态议价会产生不同于纳什议价的不公平收入分配。$1-\delta$ 可看成时间成本，当 $\delta\to1$时，时间成本为 0 时，动态议价会收敛于纳什议价均衡，即动态议价解与纳什议价解相一致。

需要注意的是，此处还存在 u_A 威胁是否可置信的问题，$\delta\in(0,1)$时，当 $u_y\leqslant u_A$ 即 $k\leqslant k_1\equiv2^{-2a}(1+\sqrt{\delta})^2/\delta$ 时，后还价者选择 u_A 策略是可置信的。即在此种情况下分工是有利可图的，但此时的交易费用系数 $1-k$ 较大。这时式(4)中的约束条件变更为 $u_{1y}=u_A$，此时的均衡解为：

$$X_1=1/2^a\sqrt{k} \quad Y_1=1-(1/2^a\sqrt{k})$$

$$X_2=1/2^a\sqrt{k} \quad Y_2=1-(1/2^a\sqrt{k})$$

$$u_x=k[1-(1/2^a\sqrt{k}]^2 \quad u_y=2^{-2a}$$

四、对动态议价理论的扩展

动态议价模型考虑了议价中的时间因素，并且其均衡解与瓦尔拉斯定价、纳什议价模型一样，也都是满足帕累托最优的，该模型似乎十分完美地解决了现实中的定价问题，因此它也一直受到各位经济学家和学者的推崇。然而，该模型本身也是存在缺陷的，即动态议价模型中的先动优势究竟该由谁获得，各个要价参与者在竞争这个先动优势的过程中，该均衡结构还会是帕累托最优的吗？换句话说，这个过程中会不会产生内生交易费用呢？会对分工经济造成怎样的影响呢？

对此，首先，在完全信息静态博弈的前提下，来模拟竞争先动优势的过程。

当 $k\leqslant k_1$ 和 $\delta\in(0,1)$时，$u_{1x}^*>u_D>u_{2y}^*>u_A$。

所以，如图 1 所示存在两个纯对策纳什均衡(u_{2y}^*,u_{1x}^*)，(u_{1x}^*,u_{2y}^*)即"一软一硬"和"一硬一软"，这实际上是博弈论中所谓的性别战，即协调对策。

对策人 2

对策人 1	硬	软
硬	u_A,u_A	$\underline{u_{1x}^*},\underline{u_{2y}^*}$
软	$\underline{u_{2y}^*},\underline{u_{1x}^*}$	u_D,u_D

表 1　竞争先动优势对策

至此，我们已经可以下结论，竞争先动优势将产生交易费用，因为纳什均衡它不是帕累托最优的。此模型中应该还存在一个混合对策均衡①，证明如下：

设对策人 i 的混合战略为 $\sigma_i=(p_i,1-p_i)$，$i=1,2$，即以 p_i 的概率选择硬，以 $1-p_i$ 的概率选择软，对策人 1 的期望效用函数为：

$$V_1(\sigma_1,\sigma_2)=p_1(u_A p_2+u_{1x}^*(1-p_2))+(1-p_1)(u_{2y}^* p_2+(1-p_2)u_D)$$

$$\text{F.O.C}\ \partial V_1/\partial p_1=0$$

解得：
$$p_1=(u_{2y}^*-u_A)/(u_{1x}^*-u_D+u_{2y}^*-u_A)$$

由模型的对称性可解得 $p_2=p_1$。

设 $p=p_2=p_1$，所以两人都选择硬，即分工不能实现的概率为 p_2，它的大小可以代表内生交易费用。可见时间成本$(1-\delta)\to 0$时，它都不会消失，所以在动态议价中允许竞争先动优势将不可避免地产生内生交易费用。

五、市场的功能

现在，我们进一步允许竞争先动优势的动态议价理论由双边扩展到多边的情形，即人们在市场中进行议价，由于潜在的合作伙伴很多，所以当存在双方都硬的情况下，每人会转向其他人，只有在双方都软或者别人软自己硬的情况下当事人才会接受，所以没有人会在自己软他人硬的情况下进行议价，因此无人会得到先动优势。我们先假设每个人从正在议价的对手转向他人所需时间很短，每人议价时以概率 $1-p$ 选择软策略，而以概率 p 选择硬策略。为了表示方便，我们记软策略为 $q=1-p$，这样每人在时段 t 的预期效用是：

$$V_i(t)=q_i(t)q_j(t)u_D+\delta[1-q_i(t)q_j(t)](1-P)V_i(t+1) \tag{6}$$

其中，$q_s(t)$为局中人 s 在时段 t 选择软策略的概率，$s=i,\ j,\ i\neq j$。而 $V_i(t+1)$为局中人 i 在时段 t 未做成生意，转向他人预期于时段 $t+1$ 能得到的效用。而 P 是其他人在时段 t 做成生意的概率，而 $1-P$ 为其他人中至少有 1 人在时段 t 没做成生意的概率，$1-P$ 与每人选择的 q 值有关，也与市场上的人数有关。

利用对称性，q 对所有人会相等，所以 ，其中 N 是除了一对局中人之外，所有其他人两两议价的对数。如总人数为 M，则 $N=(M-2)/2$。如果 q 在 0 与 1 之间，则当 N 足够大时，p 趋于 0，而 $1-p$ 趋于 1。

对式(6)求偏导数，并设 $1-P=1$，可得：

$$\partial V_i/\partial q_i=q_j[u_D-\delta V_i(t+1)] \tag{7}$$

假设$(t+1)$是最终时段，则：

$$V_i(t+1)=q^2u_D+q(1-q)(u_{1x}^*+u_{2y}^*)+(1-q)^2u_A \tag{8}$$

其中 q 由式(7)给出。不难验证 $u_D>V_i(t+1)$。这意味着式(7)永为正，即最优 q 为其最大值 1。

这里有一个微妙的矛盾。当 $q=1$ 时，则 $P=(1-q)N=0$，因此所有人都采取合作策略，所以在时段 t，所有人都会做成生意，因此没有人可以在转向他人时找得到合作伙伴。下

① 威尔逊(Wilson，1971)证明，几乎所有有限博弈都有有限奇数个纳什均衡(oddness theorem)。这一点意味着，一般来说，如果一个博弈是协调对策，那么，一定存在第三个混合战略纳什均衡。

一时段没有合作伙伴,则每人的决策又变成图 1 中的一个时段决策,其最优 q 又不会为 1。这一矛盾意味着,虽然在一个市场中人很多时,最优 q 可以非常接近 1,但绝不会完全等于 1,这种微小的选择非合作策略的概率正是市场上有可能找得到下一个合作伙伴的条件,因而是市场能用潜在合作机会使人们选择合作策略的概率趋于 1 的条件。

另外,由于以上小部分人的努力而使市场上存在着微小的交易费用正是市场发挥限制内生交易费用的条件。当足够大的人口规模集中在一个市场中进行多边议价时,市价可以无限趋近有效率的价格,但却不会等于有效率的价格。

六、结论

分析到这里,我们就会发现大多数市场参与者采取消极策略,其效果等同于积极地参与对策并试图"战胜"市场。那些特别睿智而能干的参与者确实能通过努力(可理解为竞争先动优势或套利或买者用脚投票的间接还价)获取收益,但是从一段时期看,正是他们的努力增加了交易成本、减少了收益,其余的人仅仅通过消极的策略就可以从他们的工作中获益。所以,市场参与者试图去"战胜"市场是徒劳的,但如果大家都不去试图"战胜"市场,那么市场就是可以"战胜"的。

通过以上对博弈论定价理论的分析,我们可以看到一个交易的价格如何成为市场上的均衡价格,而且这个价格如何被市场参与者所接受。博弈论分析的结果告诉我们,市场参与者不是缺乏影响价格的能力,也不是不想去影响价格,因为谁都梦想自己能影响价格,但通过与市场的博弈发现,试图以交易去影响价格并非明智之举。这是由于议价过程形成的价格总不是一种非人格的价格。非人格价格是指价格在市场上对任何人都是一样的价格,非人格市价使内生交易费用大大降低,人们只要盯住这只"看不见的手"而不需要了解任何与其生产消费活动无关的其他信息。所以说,瓦尔拉斯模型中隐含了一种极端的信息不对称,即每个决策者对他人的效用、生产函数一无所知。瓦尔拉斯定价机制的奇妙之处就在于它综合了所有人的私人信息,却不需要人们了解这些信息。当分工非常发达时,由于每个人都要与很多不同专业进行交易,由这种机制产生的非人格市场价格节约内生交易费用和信息费用的好处就会大得惊人。

论文参考文献

1.Nash, J.F., 1950, "The Bargaining Problem" [J], *Econometrica*, Vol.18, No.2, 155—162.

2.Wilson, R., 1971, "Computing equilibrium of N-person games" [J], *SIAM Journal of Applied Mathematics*.

3.Rubinstein, A., 1982, "Perfect equilibrium in a bargaining model"[J], *Econometrica* 50: 97—109.

4.Harsanyi, John C.; "Utilities, Preferences, and Substantive Goods"[J], *Social Choice and Welfare*, Vol. 14, No. 1; January, 1997; 129—145.

5.杨小凯:《经济学原理》,中国社会科学出版社 1998 年版。

“奥尔森困境”的理论探讨

——兼论我国地方政府间区域公共产品有效提供问题

张　磊

2008310042 上海财经大学公共经济与管理学院　税收学博士研究生

摘要:奥尔森教授在其《集体行动的逻辑》(1965)一书中得出一个结论,即在集体选择过程中,在许多情况下,多数人未必能战胜少数人,这种情况被称为“奥尔森困境”。集体行动的决策实际上是集体内部的个体相互博弈的结果。本文从静态博弈和最优反应动态博弈的视角,分析了“奥尔森困境”的产生机制,并针对区域公共产品提供过程中的“奥尔森困境”,给出了完善的对策和建议。

关键词:奥尔森困境　静态博弈　最优反应动态　区域公共产品

一、问题的提出

著名经济学家奥尔森在其《集体行动的逻辑》(1965)一书中得出一个结论:在集体选择过程中,在许多情况下,多数人未必能战胜少数人。奥尔森教授也从个人的利益与理性出发来解释个体利益与集体利益的关系问题,但他却得出了与传统理论完全相反的结论:个人从自己的私利出发,常常不致力于集体的公共利益,个人的理性不会促进集体的公共利益。奥尔森所揭示的“集体行动的逻辑”,实际上是在说明“集体行动的困境”,罗必良(1999)将其命名为“奥尔森困境”。

奥尔森认为集团为实现集体利益而采取的行动是供给集体物品的集体行动,由于集体物品具有非排他性,所以理性的集团成员将采取搭便车,集团无法有效地供给集体物品。奥尔森得出的结论是:“正常情况下,集体物品的供给远低于最优水平,对成本的分担也十分随意。这是因为某个人自己拥有的集体物品也自动地被其他人分享。从集体物品的定义可知,一个人不可能排除集团中其他人分享他为自己提供的集体物品带来的收益……成员数目多的集团供给集体物品的效率一般要低于成员数目少的集团。”①

“奥尔森困境”在奥尔森《国家兴衰探源》(1982)一书中有更简明的表述。在这本书中,奥尔森给出了他的解释。② 奥尔森特别强调了集团成员获得集团总收益份额 F_i 在“奥尔森困境”中的作用。他用下述形式进行说明:

设集体利益的成本 C 为提供该利益水平 T 的函数,即 $C=f(T)$。对某一集团的利益总价值 V_g 不仅取决于水平 T,而且还取决于集团规模 S_g,从而取决于该集团内个体的

---

① 高春芽:集体行动的逻辑及其困境,《武汉理工大学学报(社会科学版)》,2008年第1期。

② 罗必良:奥尔森困境及其困境,《学术研究》,1999年第9期。

数目与其对该利益的贡献,即 $V_g=TS_g$。集团中每一个体所分享的利益为 V_i,而其所占总利益的份额为 $F_i=V_i/V_g$,故 $V_i=F_iTS_g$。将 C 看成个体参与集团行动的成本,T 则是个体参与的努力程度。于是,个体从集体利益中所获得的净收益为 $A_i=V_i-C$。显然,A_i 随 T 的变化而变化。

因此,$dA_i/dT=dV_i/dT-dC/dT$,当 A_i 为极大时,$dA_i/dT=0$。

由于 $V_i=F_iV_g$,且 $dV_i/dT=F_i(dV_g/dT)$,故 $F_i(dV_g/dT)=dC/dT$。

可见,当集体的获利率(dV_g/dT)大于成本的增加率(dC/dT),且其倍数等于集体的获利与个人的获利之比时($1/F_i=V_g/V_i$),个人所分享的公共福利为最大值。由此,奥尔森认为,F_i 越小,则个人获利也越小;在其他所有条件相同时,当加入该集团的个人越多,则 F_i 必定减少。此外,奥尔森还从"免费搭车者"和讨价还价的角度探讨了这种困境存在的机制。

实际上,集体物品或者说公共产品的提供是其内部成员为争夺各自利益而相互进行博弈的结果,但是在那个历史条件下,奥尔森的论证并没有体现出公共产品提供过程中各利益方的博弈过程。现在我们通过博弈论的视角重新审视"奥尔森困境"的产生机制。

二、静态博弈视角下的"奥尔森困境"

(一)基本假设

(1)假设利益集团中只有两个利益主体,分别为 A 和 B。

(2)假设公共产品能否提供取决于 A、B 两者之间的策略,A、B 分别有"提供"和"不提供"两种策略,我们用 X 表示"提供",用 Y 表示 "不提供"。当双方的策略都为 X 时,公共产品可以被提供出来,数量为 G;而当任何一方选择 Y 时,公共产品不能被提供。

(3)假设公共产品被提供出来,A 可以获得的收益为 $R_A(G)$,B 可以获得的收益为 $R_B(G)$,公共产品提供的成本为 $C(G)$。

(4)假设公共产品的提供成本需要 A、B 来补偿,每个利益主体分担的成本分别为 $\theta_A C(G)$,$\theta_B C(G)$,且 $\theta_A+\theta_B=1$,$R_i(G)-\theta_i C(G)>0$。

(5)当一方选择 X 时,而另一方选择 Y,则公共产品不能被提供,此时选择 X 策略的一方要承担 $\theta_i C(G)$的损失。

根据上述假设,我们可以得出 A、B 的得益矩阵,如表 1 所示:

表 1　　博弈方 A、B 的得益矩阵

		博弈方 B	
		提供(X)	不提供(Y)
博弈方 A	提供(X)	$R_A(G)-\theta_A C(G)$, $R_B(G)-\theta_B C(G)$	$-\theta_A C(G)$,0
	不提供(Y)	0,$-\theta_B C(G)$	0,0

(二)静态博弈分析

现在我们找出上述静态博弈分析的纳什均衡,当博弈方 A 选择 X 时,博弈方 B 的选择为 X;当博弈方 A 选择为 Y 时,博弈方 B 的选择为 Y;当博弈方 B 选择 X 时,博弈方 A 的选择为 X;当博弈方 B 选择 Y 时,博弈方 A 的选择为 Y。我们在相应的博弈方的得益下划线(见表2)。因此,这个过程中存在的纯策略纳什均衡为(X,X)和(Y,Y)。

表2 **纯策略纳什均衡**

		博弈方B	
		提供(q)	不提供($1-q$)
博弈方A	提供(p)	$\underline{R_A(G)-\theta_A C(G)}$, $\underline{R_B(G)-\theta_B C(G)}$	$-\theta_A C(G),0$
	不提供($1-p$)	$0,-\theta_B C(G)$	$\underline{0},\underline{0}$

可以看出,这两个纳什均衡中,(X,X)这个纳什均衡是帕累托优于(Y,Y)这一纳什均衡的。现在我们来分析上述博弈的混合策略纳什均衡,假设博弈方A选择X和Y策略的概率分别为p和$1-p$,博弈方B选择X和Y策略的概率分别为q和$1-q$。

为了使博弈方B选择X和Y两个策略无差异,博弈方A选择X和Y的概率p和$1-p$应满足:

$$p[R_B(G)-\theta_B C(G)]+(1-p)[-\theta_B C(G)]=p\times 0+(1-p)\times 0 \qquad (2-1)$$

解(2—1)式,可得:

$$p=\frac{\theta_B C(G)}{R_B(G)} \qquad (2-2)$$

同理,我们可以得出,博弈方B选择X和Y的概率q和$1-q$应满足:

$$q[R_A(G)-\theta_A C(G)]+(1-q)[-\theta_A C(G)]=q\times 0+(1-q)\times 0 \qquad (2-3)$$

解(2—3)式,可得:

$$q=\frac{\theta_A C(G)}{R_A(G)} \qquad (2-4)$$

因此,这个博弈存在着混合策略纳什均衡,其解为博弈方$i(i=A,B)$以$p_i=\frac{\theta_{-i}C(G)}{R_{-i}(G)}(-i=B,A)$的概率随机选择$X$策略,以$1-\frac{\theta_{-i}C(G)}{R_{-i}(G)}$的概率随机选择$Y$策略。

如果我们假设提供公共产品所带来的总收益是固定的,即$R_A(G)+R_B(G)=\overline{R(G)}$[①],再由基本假设(4),我们可将公式$p_i=\frac{\theta_{-i}C(G)}{R_{-i}(G)}$变型为:

$$p_i=\frac{(1-\theta_i)C(G)}{\overline{R(G)}-R_i(G)} \qquad (2-5)$$

(三)结论

我们来分析(2—5)式:博弈方i提供公共产品的概率取决于该博弈方补偿公共产品提供成本的比率θ_i以及该博弈方所享有的公共产品带来的收益$R_i(G)$。可以看出,博弈方分担的公共产品提供成本越少,该博弈方提供公共产品的概率就会增加,而博弈方由公共产品提供所带来的收益越少,那么该博弈方提供公共产品的概率就会越小。(2—5)式的结论可以从三个方面来解释奥尔森教授所提出的"集体行动的逻辑":

① 这个假设的意义在于,如果集体中的个体越多,且公共品的收益平均分配,那么个体从公共品的提供过程中所得到的收益就越少,这恰恰是奥尔森教授所讨论的情况。

首先，可以看出，集体中的个体是否愿意提供公共产品，既取决于自己应承担的成本，又取决于对方获得的收益。集体行动中，公共产品的提供会使得集体中的个体得到公共产品提供所带来的收益，但集体越大，个体享受的收益就越小，按照(2—5)式，最后个体间博弈的结果就是每个个体都倾向于减少公共产品提供的概率。也就是说，集体越大，公共产品的提供越困难。

其次，我们也可以看出，如果个体能够充当“免费乘车者”，即其分担的公共产品成本 $\theta_i=0$，那么该个体会尽可能多地倾向于提供公共产品。但大量的“免费乘车者”出现，会导致每个人都有提供公共产品的意愿，但最终的行动却是每个人都不愿支付成本，导致公共产品无法被提供。

最后，在公共产品提供过程中，个体参与会导致各种成本的上升，如“讨价还价”的成本，这种成本会导致 θ_i 的上升，这也会减少个体公共产品提供的概率。因此，集体越大，集体物品的供给就越困难，这恰恰是“集体行动的逻辑”，即“奥尔森困境”。

三、有限理性最优反应动态博弈视角下的“奥尔森困境”

现在我们将第二部分的两个人的博弈情况扩展到多人有限理性博弈的情况。

(一)基本假设

(1)假设集体内有 5 个有限理性的博弈方。

(2)假设博弈方的博弈内容如表 3 中得益矩阵所示的两人对称静态博弈，我们称其为“协调博弈”。这里我们假设两人是对称的，因此两人具有相同的公共产品收益函数 $R(G)$，公共产品提供成本的分摊比例 $\theta=\frac{1}{2}$。

表 3 协调博弈

		博弈方 B	
		提供(X)	不提供(Y)
博弈方 A	提供(X)	$\underline{R(G)-\frac{1}{2}C(G)}$, $\underline{R(G)-\frac{1}{2}C(G)}$	$-\frac{1}{2}C(G)$,0
	不提供(Y)	0,$-\frac{1}{2}C(G)$	$\underline{0}$,$\underline{0}$

(二)最优反应动态博弈分析

我们可以看出，该策略存在两个纯策略纳什均衡，即(X,X)，(Y,Y)。在这两个纳什均衡(X,X)，(Y,Y)中，前一个明显有帕累托最优。如果博弈方之一有采用 Y 的可能性，或者两个博弈方互相怀疑对方可能采用 Y，那么(Y,Y)就是相对于(X,X)的风险上策均衡。如果是在完全理性博弈方之间进行这个博弈，那么通常的预测结果是(X,X)，但如果我们考虑博弈方相互对对方理性的信任问题，或者对风险的敏感性等因素，那么风险上策均衡(Y,Y)可能是更好的预测。此问题可以归结为一个多重纳什均衡博弈。

我们假设共有 5 个博弈方分别处于图 1 所示的正五边形的五个角上，每个博弈方都与各自的左右邻居反复博弈。由于博弈方为有限理性的，那么在初次进行博弈时每个位置的博弈方既可以采用 X 策略也可以采用 Y 策略，那么初次博弈共有 $2^5=32$ 种情况。

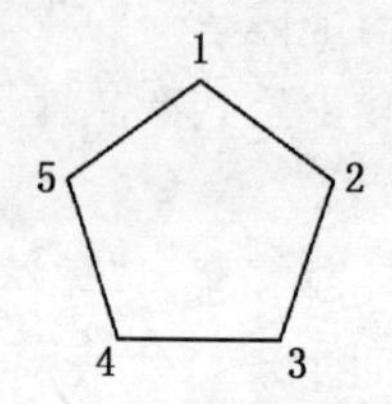

图 1 博弈方的分布

现在，我们假设 $x_i(t)$ 为在 t 时期博弈方 i 的邻居中采用 X 策略的数量，$x_i(t)\in(0,1,2)$，采用 Y 策略邻居的数量相应为 $2-x_i(t)$。针对第 t 期的相关情况 $x_i(t)$，博弈方 i 采用 X 的得益为：

$$x_i(t)[R(G)-\frac{1}{2}C(G)]+[2-x_i(t)][-\frac{1}{2}C(G)] \tag{3-1}$$

博弈方 i 采用 Y 的得益为：

$$x_i(t)\times 0+[2-x_i(t)]\times 0 \tag{3-2}$$

根据最优反应动态机制，当(3－1)式大于(3－2)式时，博弈方 i 会在 $t+1$ 时期采用 X 策略，即：

$$x_i(t)[R(G)-\frac{1}{2}C(G)]+[2-x_i(t)][-\frac{1}{2}C(G)]\geqslant x_i(t)\times 0+[2-x_i(t)]\times 0 \tag{3-3}$$

解(3－3)式可得：

$$x_i(t)\geqslant\frac{C(G)}{R(G)} \tag{3-4}$$

这里我们再假设一种极端情况，即公共产品的提供也是完全竞争的，那么我们有：

$$R(G)-\frac{1}{2}C(G)=0 \tag{3-5}$$

将(3－5)式代入(3－4)式中，可以得到：

$$x_i(t)\geqslant\frac{C(G)}{R(G)}=2 \tag{3-6}$$

因此，只有当 $x_i(t)=2$ 时，即博弈方 i 周围的都采用策略 X 时，博弈方 i 才会在 $t+1$ 时期采用策略 X；反之，当 $x_i(t)$ 取 0、1 时，博弈方 i 在 $t+1$ 时期会采用 Y 策略。

这时我们可以看出，只有当 5 个博弈方都采用 Y 策略才是一种稳定的策略。例如，我们现在探讨，在 t 期有 4 个博弈方都选择 X 策略，有一个博弈方选择 Y 策略，那么 $t+1$ 期以后各博弈方的最优反应动态博弈过程如图 2 所示。

可以看出，最终的结果是任何一个个体都会选择“不提供”公共产品，即选择 X 策略，那么最终会导致集体内的所有个体不会“提供”公共产品。可以证明的是，如果有更多的个体选择“不提供”，那么最优反应动态的结果也是所有的个体都选择 Y 策略。因此，只有所有个体都选择 X 策略时，该博弈会稳定于所有博弈方都采用 X 策略的状态，而如果有至少一个以上的个体选择 Y 策略时，那么这些状态最后会收敛到都采用 Y 的状态。这

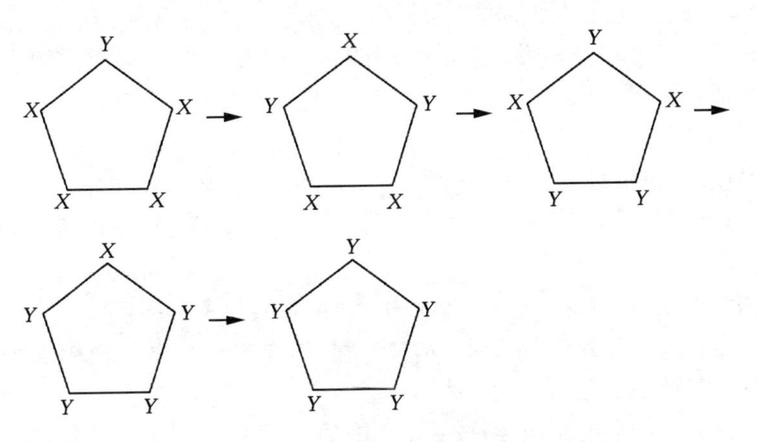

图 2　有一个博弈方为 Y 的最优反应动态

个阶段也可以进行扩展。如果是以 4 个个体为例，收敛到 Y 状态的概率为$\frac{15}{16}\approx94\%$，5 个个体的情况下收敛到 Y 状态的概率为$\frac{31}{32}\approx97\%$，当个体为 n 的时候，收敛到 Y 状态的概率为$\frac{2^n-1}{2^n}$，当 n 趋于正无穷的时候，n 个个体的情况下收敛到 Y 状态的概率几乎为 100%，而收敛到 X 状态的概率几乎为 0。

（三）结论

通过最优反应动态博弈，我们可以得出结论，集体中的个体数量越多，则经过最优反应动态博弈，所有的个体都倾向于"不提供"公共产品，这也符合奥尔森教授所说的"集体行动的逻辑"这一观点。在该模型中，每个个体是否选择"提供"这个策略，取决于其周围人的提供情况，但是由于个体的有限理性，最终的情况却是收敛到 Y 这个进化稳定策略，而这个进化稳定策略却不是帕累托最优的。因此，反思奥尔森教授的结论："正常情况下，集体物品的供给远低于最优水平，……成员数目多的集团供给集体物品的效率一般要低于成员数目少的集团。"我们可以发现，从有限理性的角度来看，该最优反应动态博弈模型较好地解释了"奥尔森困境"这一难题。

四、"奥尔森困境"与我国地方政府间区域公共产品的提供

"奥尔森困境"能够较好地解释我国跨区域公共产品的提供问题。一般来说，公共产品分为全国性公共产品和地方性公共产品。但是，地方性公共产品往往具有外溢性，当地方公共产品具有很强的外溢性时，地方公共产品就变为区域公共产品了。有外部性的公共产品根据其外溢的作用范围和形式，可以分为区域共享型公共产品和区域关联型公共产品。按照公共产品的提供原则，全国性公共产品应该由中央政府提供，地方性公共产品应该由地方政府提供，而对于区域公共产品的提供，有两种解决途径：一个是由中央政府提供，一个是由受益的地方政府联合提供，这包括横向的地方政府也包括纵向的地方政府。但是，当一项公共产品由两个甚至多个地方政府负责提供时，按照我们上述分析的结论，不同区域的政府往往"各扫门前雪"，很有可能导致能够有益于社会的公共产品不能被

提供出来，或者导致公共产品提供的质量不高，造成公共产品提供的不足。

提供各种公共产品和公共服务也是现代市场经济中政府的一项基本职能。在区域经济一体化的形成和发展过程中，各种公共产品、公共服务的缺乏和基础设施建设的不足成为制约区域经济发展的一个“瓶颈”，需要区域内的各级公共行政主体合作提供。恰当的区域公共产品生产、提供机制有利于区域合作机制的形成，从而找到解决区域公共问题的有效手段，同时有利于区域稳定、协调发展和社会公平的实现，有利于提高区域公共问题的治理水平。

完善我国地方政府间跨区域公共产品的提供应做到以下方面：

（一）制定各级政府事权和财权划分的法律规范，合理划分中央政府与地方政府以及地方各级政府之间的职责范围

应根据区域公共产品的层次性，按受益范围的不同，确立区域管理各层级责任主体的责任范围，受益范围遍及全国的公共产品应由中央财政提供，受益范围主要是地方的，由相应层级的地方政府提供，具有效益外溢性的地方性公共产品则应由中央和地方政府共同提供。从法律的角度强制地方政府提供必需的公共产品，可以防止政府的“越位”、“缺位”和“错位”，有利于提高各级政府公共产品的提供效率，防止政府充当“免费乘车者”。

（二）完善省级以下地方政府的收入分配制度

省级以下地方政府面临的最大问题就是财政收入的不足，多数省级以下地方政府尤其是县、乡政府没有税收收入，除了上级政府转移支付，只能依靠非税收入获得财政收入，这会大大降低省级以下地方政府提供公共产品的动机。因此，应完善地方政府的收入分配制度，使得地方政府拥有与之职责相对称的财权，保证公共产品的有效提供。

（三）完善公共产品的私人提供制度

公共产品的私人提供是政府提供公共产品的补充，在西方国家这部分公共产品也占有相当的比例，但在我国私人提供公共产品尚没有普及，而且现行的制度对此种行为也没有形成激励制度。例如，企业所得税和个人所得税对企业和个人因捐赠产生的支出并不能全额抵扣，这不利于提高企业和个人提供公共产品的动机，因此应从法律制度上对公共产品的私人提供问题进行肯定和鼓励。

（四）建立区域公共产品供给的选择性激励机制

奥尔森在论证集体行动的困境时，依赖于一个基本的假设，即“不采用选择性激励”。不存在选择性激励，即意味着集团不存在组织制度安排。但事实上，只要是一个集团组织，就会有组织制度存在，就会存在选择性激励，不存在没有选择性激励的集团组织。具体的做法是：既有分权层决策，又有集权层决策的公共部门，每一层次的公共服务选择由辖区内居民的需求来决定。这是一种有效配置资源的方式。因为将有关公共产品的决策权下放到最低决策单位，可以用较低的成本满足区域内居民对公共产品的消费偏好，也有可能较好地解决居民消费公共产品的受益与负担问题等。这些都是改善公共产品供给效率的重要途径。

（五）完善各级政府间的转移支付制度

由于区域经济发展的不平衡，各地区的财政收入差距很大，造成各个地区的基本公共服务不能均等化。转移支付制度是缩小区域差距、平衡各地区基本公共服务提供的重要途径。转移支付制度既包括横向的转移支付，也包括纵向的转移支付制度。但我国现在

转移支付制度以纵向转移支付制度为主,而且这种纵向的转移支付制度仍然带有明显的过渡痕迹,除了少量按照均等化公式计算以外,绝大部分转移支付是按照税收返还、增量返还等形式进行分配,因此这种转移支付方式并不能很好地协调不同区域的财力状况。因此,应完善各级地方政府间的转移支付制度,保证基本公共服务均等化的实现。

(六)加强区域公共产品有效供给的法制保障

一个有秩序的良性运行的社会,必定是一个有着良好法治传统的社会。区域公共产品的有效供给也必须要有法律的保障。只有通过法律的介入,区域公共产品供给相关制度法律化、规范化,才能切实保障区域民众的切身利益。尽快制定区域公民权益保护法和提供区域公共物品的相关法律尤其关键。

论文参考文献

1.高春芽:集体行动的逻辑及其困境,《武汉理工大学学报(社会科学版)》,2008 年第 1 期。

2.罗必良:奥尔森困境及其困境,《学术研究》,1999 年第 9 期。

3.黄维华:区域公共产品的制度供给研究,《湖南财经高等专科学校学报》,2008 年 6 月。

4.谢识予:经济博弈论,复旦大学出版社 2002 年版。

5.曼瑟尔·奥尔森著,陈郁译:《集体行动的逻辑》,上海三联书店、上海人民出版社 1995 年版。

俄罗斯与印度军工贸易的博弈分析

吴　笛

2012310099 上海财经大学工商管理学院　世界经济系博士研究生

摘要:本文利用博弈论和国家利益等相关理论对俄罗斯对印度军工产品出口问题进行了分析。印度在短期内将继续从俄罗斯引进军工产品以满足本国国家战略的需要,而俄罗斯在对印度出口军工产品的同时,会在不损害俄印关系的前提下对印度展开"勒索",以获得额外收益。在本文中,俄罗斯与印度两国的国家效用取决于两国的战略定位、经济利益两大方面,在博弈模型均衡时,俄罗斯对印度展开勒索需顾及印度对勒索的承受能力及识别能力。在短期内,俄罗斯在军工产品出口方面对印度的勒索将不会停止。其最终取决于印度军方对俄制装备的依赖程度、印度政府的财政支出额度、拒绝与印度执政当局的意识形态及政策偏好以及印度军工部门的科研能力。

关键词:俄罗斯　印度　军工贸易　博弈论

一、研究背景与文献综述

2000 年 10 月,俄罗斯与印度签署了《战略伙伴关系宣言》,标志着两国战略伙伴关系正式建立。此后,俄罗斯同印度的双边关系不断发展,其中两国在军事领域的合作显得尤为引人注目。在俄罗斯同印度的军工产品贸易中,印度通过进口俄罗斯及西方国家的武器装备,以及积极开展同其他国家在军备方面的研发合作,在海军舰艇、巡航导弹、装甲车辆等军事领域上取得了长足的进步。然而,与此同时,印度在同俄罗斯在军工领域展开合作时,又经常面临俄罗斯要求追加资金的"勒索"行为。面对俄方的勒索,印度却在大多数情况下对俄方的勒索作出接受,其行为显得耐人寻味。

以往学者关于俄印军工贸易的研究主要集中在以下方面:

(一)俄印对军工产品的供求分析

B.M. Jain(2013)指出,由于印度同俄罗斯不存在直接的利益冲突,因此两国能够在军工领域的合作取得较大进展,而两国军工合作的发展又反过来推动了两国的双边关系。李冠杰(2012)指出,尽管印度近年来在军购来源多元化方面有所进展,但对俄罗斯军火的高度依赖在短时间内难以改变。同时,印俄两国在各个领域的合作取得了双赢。吴瑕(2006)指出,进入 21 世纪以来,印俄军事合作大幅升温,两国除军工贸易外,在联合研发、联合军事演习、建立联合技术保障体系方面也有所进展。马嫪(2004)指出,自苏联解体以来,俄罗斯与印度的军工贸易伴随着俄印两国双边关系的变化,先后经历了中断、确保供给、不断发展三个阶段。赵干诚(2003)指出,俄印关系包括国内需求、地区安全和大国关系三个基本层面；在苏联解体之后，印度积极调整对俄关系，既完成了从“盟友”到伙伴的转变，又推进了与俄罗斯在包括军工领域在内的多个方面的合作。Ramesh Thakur(1993)指出，印度同苏联(俄罗斯)的军事合作随印度同苏联(俄罗斯)的双边关系起落而起落，在苏联解体之后，俄罗斯(截至1993年)在经济上处于动荡的转轨时期且极度依赖西方援助，缺乏同印度发展双边关系的资源。

(二)俄罗斯与印度进行军工贸易的战略考量

R. G. Gidadhubli(2013)指出，印度同俄罗斯的“战略性合作伙伴关系”不断深化，两国在反对恐怖主义及美国的单边政策等方面达成共识；同时，俄罗斯对印度军工产品出口促进了俄罗斯军工产业乃至整个俄罗斯经济的复苏。R.G.Gidadhubli(2013)同时指出，当前印度同俄罗斯的关系呈现出“政热经冷”的局面：两国的合作关系主要集中在政治、军事领域，两国的经贸往来因种种原因而十分有限。陈继东(2011)指出，印度同邻国巴基斯坦在克什米尔领土争端、军备竞赛等问题上长期无法达成协议，以至于对印巴关系“任何过分乐观的预测都是轻率的”[①]，使得印度将继续在军备问题上对巴基斯坦施压。郑瑞祥(2010)指出，尽管中印关系在20世纪80年代实现了正常化并不断发展，印度在中印边界问题的谈判上始终未能取得突破性进展，且印度在“阿鲁纳恰尔邦”[②]不断加强军力部署。朱桃红(2010)指出，俄罗斯同印度的双边关系既包含着两国战略利益、经济利益等动因，也面临着经贸关系脆弱、美国在外交上对印度进行拉拢等因素的制约。胡克琼(2008)指出，印度同巴基斯坦在克什米尔、核军备竞赛等问题上严重缺乏互信，使两国陷入“安全两难”。胡志勇(2007)、李勇(2007)指出，俄罗斯同印度发展战略关系的考虑因素，既包括打破北约的战略遏制、发展同亚洲国家友好关系的战略因素；也包括刺激军工出口获取外汇的经济因素。吴永年(2006)指出，印俄两国的友好关系既基于两国的政治、经济利益，又具有长久的历史传统，使得其他国家(美国)很难将印度作为制约俄罗斯和中国的棋子。

(三)对印俄两国意识形态及心理因素的分析

管银凤(2008)指出，包括印度人民党的意识形态“印度教民族主义”在内的印度宗教民族主义，具有浓厚的宗教性、狭隘性和极端性，对印度的国内安全局势以及印度同周边国家的关系产生了恶劣的影响。陈金英(2008)指出，尽管印度人民党的意识形态具有极端色彩，但最终会出于政治考虑而走向温和。李勃(2006)指出，俄印两国的民族心理因素，如俄罗斯的沙文主义传统、印度的殖民地心理等将对俄印关系的发展产生不利影响。杨平学(2002)指出，印度自独立以来，继承了英国殖民者的安全理论，以军事力量作为处理与邻国关系的筹码，对中印、印巴关系产生了不利影响。此外，以下文献对本文的写作也产生了重要的作用：安东尼·萨顿(1973)指出，苏联在冷战期间为实现其“扩张战略”，在军事装备提供上带有显著的非经济色彩。Benjamin Klein、Robert G.Crawford 和 Armen A.Archain(1978)指出，在供给与需求双方的博弈中，当其中一方实现了垂直分工的专业化，即只能与特定的对象展开合作之后，将面临对方的机会主义行为(“敲竹杠”)。

以上关于印俄关系的文献主要存在两点不足：

第一，极少用博弈论方法对印度与俄罗斯关系展开研究分析，将两国在该问题上的各

① 引自陈继东：“近年来起伏跌宕的印巴关系”，《南亚研究季刊》，2011年第3期。

② 即我国的藏南地区。

种策略所带来的收益或损失，以“利得”(payoff)的形式加以量化，导致在分析上难以进行定量研究，一定程度上降低了分析的准确性。

第二，对印度与俄罗斯军工贸易的研究极少考虑印度主要执政集团的意识形态与政策偏好，导致了在研究印度同俄罗斯军工贸易时，在一定程度上致使对不同执政党主导印度政坛[①]的不同年份，印度对俄罗斯军购差异的解释能力不强。

鉴于以上两点，本文希望能够在以上方面有所补充。

二、理论框架

(一)国家利益理论

在印度与俄罗斯的军工贸易及由此产生的勒索与反勒索行为，归根结底都取决于国家利益。国家利益是指一个国家在经济、军事和文化上的抱负，对国家利益的追求构成了现实主义国际关系学的基础。随着对国家利益问题分析的不断深入，学者们归纳出国家利益所具体体现的五个方面：领土地缘、自然资源、军事、经济以及制度、民心与文化因素。这种对国家利益体现方面的分类，使得人们对国家利益分析得以细微化、精确化。

(二)效用函数与博弈论

由以上国家利益理论可知，对国家利益的估量包含着对上述五个方面的综合考量，因此可用经济学的效用函数理论对印度和俄罗斯两国的国家利益进行分析。

效用函数是微观经济学的重要内容，用来表示消费者在消费中所获得的效用与所消费的商品组合之间数量关系的函数。它被用来衡量消费者从消费既定的商品组合中所获得满足的程度。运用效用函数可以分析两种或两种以上商品的组合对消费者效用的影响。效用函数的表达式为：$U=U(x,y,z,\cdots)$，其中，x、y、z 分别代表消费者所消费的各种商品的数量。在研究中，效用函数通常被写作柯布—道格拉斯形式，即 $U=x^{\alpha1}y^{\alpha2}z^{\alpha3}\cdots$，其中所有指数之和等于 1。

根据国际政治经济学理论，国家作为国际关系中的行为主体，其国际行为具有显著的人格化特征。因此，本文将经济学领域用于分析作为微观市场主体的消费者的效用函数用于对印度与俄罗斯军工贸易问题的效用分析。本文在构建印度与俄罗斯两国的效用函数时，将考虑到两国在军工贸易中所涉及的领土地缘，自然资源，军事、经济与制度，民心与文化五个方面。

博弈论[②]又称“对策论”，最早由匈牙利数学家约翰·冯·诺伊曼(John Von Neumann)创立，其主要分析博弈的参加者(局中人)在“当结果无法完全由个体掌握，结局要视群体共同决策而定时，局中人为了取胜而应采取何种策略”，现已被广泛应用于经济学、军事学、国际关系学等领域。

在博弈论中，有一种均衡称为“纳什均衡”，又称非合作性均衡。其定义为：两个或两个以上局中人展开博弈，在给定其他人策略的条件下，每个局中人均选择自己的策略，以

① 进入 20 世纪 90 年代以来，联合政府成为经常现象和发展趋势是印度政治的一大特点。在这一时期，无论哪个党派都无力在议会占据绝对优势，致使印度政府很少出现某个政党单独执政的情形。

② 对博弈的描述必须包含以下三个要素：参与人(player)，是指在一个博弈中的决策主体，其目标是通过选择适当的策略最大化自己的利益；策略(strategy)，是指参与人在获得必要信息后的行动规则，它规定参与人在何种情况下选择采取何种行动；收益(payoff)，是指参与人在特定情况下选择特定策略后所获得的利益。

实现自己的利益(利得)最大化。而在纳什均衡中,存在着一种被称为“混合策略纳什均衡”的均衡,即博弈双方在面对对方具有不确定性的选择时,选择将自身期望利得最大化的不确定的混合策略①。

三、对印度与俄罗斯两国国家利益的分析

印度与俄罗斯的军工贸易所关系到的国家利益,涉及领土地缘、经济、军事以及制度、民心与文化四大方面因素。因此,本文将从以上诸因素,分别对印度与俄罗斯军工贸易中体现的国家利益进行分析。

(一)领土地缘方面

对印度而言,其领土地缘方面的国家利益体现为:

第一,在克什米尔问题上对巴基斯坦施加压力,以便在印巴划界谈判中占据主动。对印度而言,占据克什米尔就可以切断巴基斯坦与外部大国的陆上联系,这样在未来与巴基斯坦的冲突中,可以将其国防前沿推至阿富汗一侧,有利于在军事上增强对巴基斯坦的压力。印度总理尼赫鲁说:“这个地处前沿的土邦在战略上具有极大的重要性,没有克什米尔,印度就不会在中亚的政治舞台上占据一个重要的位置。”②

第二,在中印边界,加强军事存在,造成非法占有领土的既成事实。对印度而言,占据中国的藏南地区,一方面可以在中印之间构筑“缓冲区”,为对华领土谈判增加筹码的同时为今后一旦与中国之间爆发军事冲突做好准备;另一方面,通过炒作中印领土纠纷,有助于向外界,特别是部分西方国家政要释放“中国威胁论”的信号,为印度获取西方国家在政治、军事方面的援助制造舆论。

对俄罗斯而言,其领土地缘方面的国家利益体现在:自 2002 年以来,以美国为首的西方国家认为俄罗斯政府对内采取的种种政策,如打压寡头、镇压车臣民族分裂分子等,违背了“民主”原则,而俄罗斯政府对外则在一系列国际问题上与美国较劲。为此,美国加紧了对俄的遏制,其手段包括:重新部署驻欧部队,在车臣问题上对俄的态度趋硬,在外高加索、中亚以及独联体其他地区加强渗透,与俄争夺能源产地和运输通道等。其中,由美国积极推动的北约继续东扩就是进一步挤压俄罗斯的战略空间,遏俄、压俄、弱俄的最重要的手段。在这种环境下,发展与印度的双边关系,可以在北约、东欧及高加索的包围圈内发展一个同样反对美国的单边主义立场又对俄罗斯友好的大国,在很大程度上缓解以美国为首的北约对俄罗斯的战略遏制③。

(二)经济方面

对印度而言,其经济方面的国家利益体现为:尽管印度经济在 1991 年之后拥有较快的发展速度,然而由于种种原因,经济发展中的种种制约因素,如文盲率居高不下、基础设施落后、种姓制度等问题长期得不到有效解决,一方面需要印度中央及各邦政府斥巨资投入基础教育、基础设施建设以及为表列种姓和表列部落④提供福利保障等领域;而另一方

---

① 具体而言,所谓的混合策略是指,在作出选择时,以一定的概率选择具体的不同选项。

② 引自胡克琼:“安全两难与冷战后的印巴关系”,河北师范大学硕士论文,2008 年。

③ 引自 http://finance.sina.com.cn/roll/20040513/0916758020.shtml.

④ 印度政府称种姓制度下的低级种姓和生产力发展水平较为低下的部落(多集中在印度东北部)为“表列种姓”和“表列部落”,政府每年对这些特殊群体发放补助并在升学、就业、公务员考试等领域予以照顾。

面，印度自独立以来，中央政府的财政赤字居高不下，印度政府财力紧张的状况始终难以得到根本性改善。结合这两方面因素，使得印度政府在对包括进口俄制装备在内的国防支出进行拨款时，必须充分考虑到紧张的财政状况，避免国家的经济发展及社会民生所需的资金被国防挤占。

对俄罗斯而言，其经济方面的国家利益体现为：自苏联解体以来，随着俄罗斯经济在20世纪90年代的急剧下滑以及与此相关的在全球范围的战略收缩，同时出于压缩军队规模，提升军队质量的考虑，进行了大规模的裁军。随着大规模裁军的开展，大批军工领域的企业及科研机构面临着订单、项目经费减少、对优秀人才吸引力下降、人才外流等情况。通过对印军工出口，使得俄罗斯的军工企业和科研机构获得了大笔资金，有效地推动了俄罗斯军工产业的复苏①。

然而，俄罗斯与印度的民间贸易却在苏联解体后长期处于较低水平。这主要是因为苏联解体之后，印度传统的对俄(苏)出口商品，如茶叶、烟草、轻工产品在面对打入俄罗斯市场的其他国家同类产品时，在品质、价格等方面缺乏竞争力；而俄罗斯的主要出口产品——石油，在印度销量极少(印度的石油主要来自中东地区)。这使得俄罗斯与印度双边关系缺乏必要的经济保障，在面临纠纷时显得较为脆弱。

(三)军事方面

对印度而言，其军事方面虽然没有直接的国家利益，但印度政府及军方认为，拥有一支强大的武装力量，有助于在印巴、印中边境领土争端问题上保持强硬立场。

对俄罗斯而言，印度与俄罗斯既不接壤，也无直接利益冲突，同时两国在打击盘踞于俄罗斯车臣及印控克什米尔的恐怖主义、民族分裂主义势力等问题上达成了反对西方国家双重标准、不以本国私利对恐怖势力进行“好”与“坏”的区分②。因此，俄罗斯对印度武装力量的发展也乐见其成。

(四)制度、民心与文化方面

对印度的国际战略而言，由于其在历史上屡遭列强侵犯，因此往往对“对大国有着极强的不信任和怀疑心理，并且视外部大国进入南亚次大陆和印度洋区域为对印度安全的最大威胁”③。在冷战结束后，这种心理表现在与俄罗斯的关系上，则表现为同时发展对俄罗斯与西方国家之间包括军工贸易在内的友好关系，但不过分亲近任何一方，也不与任何一方公开结盟，这样才能避免本国利益被实力强大的盟国所绑架裹挟。

对印度的国内政治而言，作为其主要执政党之一的印度人民党，以“维护”印度教传统文化、敌视非印度教徒(尤其是穆斯林)、“捍卫”印度教徒利益的“印度教民族主义”为意识形态。这一具有宗教性、排他性、极端性的意识形态一方面极易导致国内教派矛盾的激化(主要指印度教和伊斯兰教)，另一方面又需要其在主政期间，包括在核问题、克什米尔领土争端问题在内的诸多国际问题上保持强硬立场，以满足其支持者的心理需求。这就使得印度人民党主政期间，在国防开支占政府支出的比重上较其主要竞争对手国大党更高。

---

① 以2000年为例，当年印度与中国占俄罗斯军工出口收入的60%以上。参见R.G.Gidadhubli“India-Russia Relations：Looking beyond Military Hardware”，*Economic and Political Weekly*，Vol. 36，No. 46/47（Nov. 24－30，2001），pp. 4349－4351。

② 参见R.G.Gidadhubli：*India-Russia Relations*：*Looking beyond Military Hardware*.

③ 引自李渤：“俄印关系中的心理因素分析”，《东北亚论坛》，2006年11月。

对俄罗斯而言，由于其历史上长期遭受亚洲游牧民族的袭扰和统治，又在近代以来较大多数亚洲国家更好地吸收了西方的先进文明，并在针对亚洲国家的侵略战争中屡屡得手，使得俄罗斯人对包括印度在内的亚洲往往怀有一种鄙视与疑惧并存的复杂心态。此外，俄罗斯在历史上深受其主要宗教东正教关于"第三罗马"[①]教义的影响，具有鲜明的普世主义色彩。因此，俄罗斯在同亚洲国家交往时，往往既有阴险狡猾的勒索，又有真诚慷慨的合作。

四、俄罗斯与印度两国效用函数的构建及两国军工贸易的博弈论分析

由以上分析可知，对印度而言，其国家效用的大小既同为向周边国家施加压力、增加筹码的军事实力正相关，又要避免国家的经济、民生问题被庞大的军费所拖垮，同时还受到国内政党意识形态的影响。因此，其效用函数可以构建为：

$$U_{IND}=(M)^{\alpha}\left[1-\frac{M}{E_{IND}}\right]^{1-\alpha}\left[(M)^{\varepsilon}\left(1-\frac{M}{E_{IND}}\right)^{1-\varepsilon}\right]^{\gamma}$$

其中，M 为印度的军备支出（包括印度自主生产及向其他国家购买），E_{IND} 为印度的政府支出，γ 为执政集团对政府的影响力。

上式可变为：

$$U_{IND}=(M)^{\frac{\alpha+\varepsilon\gamma}{1+\gamma}}\left[1-\frac{M}{E_{IND}}\right]^{1-\frac{\alpha+\varepsilon\gamma}{1+\gamma}}=(M)^{\alpha'}\left[1-\frac{M}{E_{IND}}\right]^{1-\alpha'} \tag{1}$$

若印度向俄罗斯进口军工产品，则其国家效用变为：

$$U_{IND}=(M+M^{*})^{\alpha'}\left[1-\frac{M+M^{*}}{E_{IND}}\right]^{1-\alpha'} \tag{2}$$

其中，M^{*} 为印度向俄罗斯进口军火的规模。

对俄罗斯而言，其国家效用的大小既与俄罗斯与印度双边关系相关，又与俄罗斯军工出口的收益相关。因此，其效用函数可以构建为：

$$U_{RUS}=\left[\frac{T}{Y_{RUS}Y_{IND}}\right]^{\alpha^{*}}(EX)^{1-\alpha^{*}} \tag{3}$$

其中，$\frac{T}{Y_{RUS}Y_{IND}}$ 表示俄罗斯同印度的双边关系[②]，EX 为俄罗斯军工出口的净收益。

对俄罗斯而言，若向印度推销军火失败，其军工出口集团需付出 c 的成本；若推销成功，则获得 $M^{*}-c$ 的净收益。

同时，俄罗斯在对印军火贸易时，有机会以初始生产费用被低估，需进行现代化升级等理由对印度进行勒索，若印度未能识破勒索或识破勒索之后选择屈服，则俄罗斯获得 ext 的出口收益。而一旦勒索失败，即印度拒绝购买，则俄罗斯需付出 c 的成本以及

---

① 俄罗斯称自己为第三罗马，源于1510～1511年间教士菲洛费伊给莫斯科大公瓦西里三世的奏折。在奏折中，菲洛费伊将莫斯科比作第三罗马，认为在东正教拜占庭王国衰落以后，莫斯科王国成为保留下来的唯一的东正教王国，俄罗斯沙皇是普天之下唯一的基督教皇帝，俄罗斯是具有以基督之爱解放世界其他民族的使命感的民族。参见张建华：《俄国史》，人民出版社2004年版。

② 本文对两国的双边关系源自国际贸易中的引力模型，即两国间贸易量等于两国间总产量（通常表现为GDP）除以两国间"距离"。而"距离"包括了地理距离、交通运输技术、基础设施状况、两国双边关系等。其中，两国双边关系之外的因素在苏联解体以来变化相对缓慢，因此，可以用俄罗斯与印度的"距离"大小来衡量两国的双边关系。

$-ext$的违约金。同时，一旦勒索行为被识破，将导致两国关系受损，即$\frac{T}{Y_{RUS}Y_{IND}}$变为$\frac{\rho T}{Y_{RUS}Y_{IND}}$，$0\leqslant\rho<1$。

对俄罗斯与印度两国而言，其博弈树为：

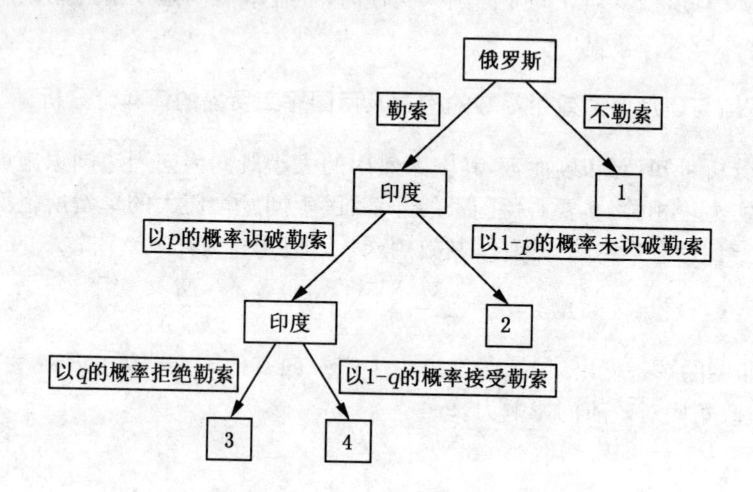

图1　俄罗斯与印度关于军工贸易的博弈

四种博弈结果所对应的两国效用分别为：

结果1：

$$U_{IND}=(M+M^{*})^{\alpha'}(1-\frac{M+M^{*}}{E_{IND}})^{1-\alpha'}$$

$$U_{RUS}=(\frac{T}{Y_{IND}Y_{RUS}})^{\alpha^{*}}(EX-c+M^{*})^{1-\alpha^{*}} \tag{4}$$

结果2：

$$U_{IND}=(M+M^{*})^{\alpha'}(1-\frac{M+M^{*}+ext}{E_{IND}})^{1-\alpha'}$$

$$U_{RUS}=(\frac{T}{Y_{IND}Y_{RUS}})^{\alpha^{*}}(EX-c+M^{*}+ext)^{1-\alpha^{*}} \tag{5}$$

结果3：

$$U_{IND}=(M)^{\alpha'}(1-\frac{M}{E_{IND}})^{1-\alpha'}$$

$$U_{RUS}=(\frac{\rho T}{Y_{IND}Y_{RUS}})^{\alpha^{*}}(EX-c-ext)^{1-\alpha^{*}} \tag{6}$$

结果4：

$$U_{IND}=(M+M^{*})^{\alpha'}(1-\frac{M+M^{*}+ext}{E_{IND}})^{1-\alpha'}$$

$$U_{RUS}=(\frac{\rho T}{Y_{IND}Y_{RUS}})^{\alpha^{*}}(EX-c+M^{*}+ext)^{1-\alpha^{*}} \tag{7}$$

由博弈结果可以看出，若印度忍受勒索的效用不小于其拒绝勒索的效用，即

$$(M+M^*)^{\alpha'}(1-\frac{M+M^*+ext}{E_{IND}})^{1-\alpha'} \geqslant (M)^{\alpha'}(1-\frac{M-ext}{E_{IND}})^{1-\alpha'}$$

$$\Rightarrow 0<ext\leqslant\left(\frac{1-(1-\frac{M^*}{M})^{\frac{\alpha'}{1-\alpha'}}}{1+(1-\frac{M^*}{M})^{\frac{\alpha'}{1-\alpha'}}}\right)(E_{IND}-M)+\frac{(1-\frac{M^*}{M})^{\frac{\alpha'}{1-\alpha'}}}{1+(1-\frac{M^*}{M})^{\frac{\alpha'}{1-\alpha'}}}M^*$$

$$=ext^* \tag{8}$$

此时，印度对俄罗斯展开报复，使两国双边关系下降的概率 $q=1/2$。

由最高勒索额度 ext^* 可知，

$$\frac{\partial ext^*}{\partial E_{IND}}=\left[\frac{1-(1-\frac{M^*}{M})^{\frac{\alpha'}{1-\alpha'}}}{1+(1-\frac{M^*}{M})^{\frac{\alpha'}{1-\alpha'}}}\right]>0 \tag{9}$$

$$\frac{\partial ext^*}{\partial\left(\frac{M^*}{M}\right)}=\frac{\frac{\alpha'}{1-\alpha'}\left(1-\frac{M^*}{M}\right)^{\frac{\alpha'}{1-\alpha'}-1}\left[1+\left(1-\frac{M^*}{M}\right)^{\frac{\alpha'}{1-\alpha'}}\right]+\left[1-\left(1-\frac{M^*}{M}\right)^{\frac{\alpha'}{1-\alpha'}}\right]\left[\frac{\alpha'}{1-\alpha'}\left(1-\frac{M^*}{M}\right)^{\frac{\alpha'}{1-\alpha'}}\right]}{\left[1+\left(1-\frac{M^*}{M}\right)^{\frac{\alpha'}{1-\alpha'}}\right]^2}$$

$$+\frac{\left(1-\frac{M^*}{M}\right)^{\frac{\alpha'}{1-\alpha'}}}{\left[1+\left(1-\frac{M^*}{M}\right)^{\frac{\alpha'}{1-\alpha'}}\right]}M>0 \tag{10}$$

$$\frac{\partial ext^*}{\partial\alpha'}=\frac{\left[-\ln\left(\frac{\alpha'}{1-\alpha'}\right)\left(1-\frac{M^*}{M}\right)^{\frac{\alpha'}{1-\alpha'}}\frac{1}{(1-\alpha')^2}\left[1+\left(1-\frac{M^*}{M}\right)^{\frac{\alpha'}{1-\alpha'}}\right]-\left[1-\left(1-\frac{M^*}{M}\right)^{\frac{\alpha'}{1-\alpha'}}\right]\ln\left(\frac{\alpha'}{1-\alpha'}\right)\left(1-\frac{M^*}{M}\right)^{\frac{\alpha'}{1-\alpha'}}\frac{1}{(1-\alpha')^2}\right](E_{IND}-M)}{\left(1+\left(1-\frac{M^*}{M}\right)^{\frac{\alpha'}{1-\alpha'}}\right)^2}$$

$$+\frac{\left[\ln\left(\frac{\alpha'}{1-\alpha'}\right)\left(1-\frac{M^*}{M}\right)^{\frac{\alpha'}{1-\alpha'}}\frac{1}{(1-\alpha')^2}\left[1+\left(1-\frac{M^*}{M}\right)^{\frac{\alpha'}{1-\alpha'}}\right]-\left(1-\frac{M^*}{M}\right)^{\frac{\alpha'}{1-\alpha'}}\left[\ln\left(\frac{\alpha'}{1-\alpha'}\right)\left(1-\frac{M^*}{M}\right)^{\frac{\alpha'}{1-\alpha'}}\frac{1}{(1-\alpha')^2}\right)\right]M^*}{\left[1+\left(1-\frac{M^*}{M}\right)^{\frac{\alpha'}{1-\alpha'}}\right]^2}>0 \tag{11}$$

即印度所能忍受的最大勒索额度，与印度的政府开支、印度军队对俄制装备的依赖程度以及主导印度政坛的政党对增强军事力量的偏好程度正相关。

同时，对俄罗斯而言，其不同勒索额度的期望效用及由此推导出的实际勒索额度 ext 为：

当 $ext<ext^*$ 时，$q=0$

$$EU_{RUS}=(1-p)\left(\frac{T}{Y_{IND}Y_{RUS}}\right)^{\alpha^*}(EX-c+M^*+ext)^{1-\alpha^*}$$

$$+p\left(\frac{\rho T}{Y_{IND}Y_{RUS}}\right)^{\alpha^*}(EX-c+M^*+ext)^{1-\alpha^*}$$

$$\Rightarrow ext=ext^*-\sigma,\sigma\xrightarrow{+}0 \tag{12}$$

当 $ext=ext^*$ 时，$q=1/2$

$$EU_{RUS}=(1-p)\left(\frac{T}{Y_{IND}Y_{RUS}}\right)^{\alpha^*}(EX-c+M^*+ext^*)^{1-\alpha^*}$$

$$+\frac{1}{2}p\left(\frac{\rho T}{Y_{IND}Y_{RUS}}\right)^{\alpha^*}(EX-c-ext^*)^{1-\alpha^*}$$

$$+\frac{1}{2}p\left(\frac{\rho T}{Y_{IND}Y_{RUS}}\right)^{\alpha^*}(EX-c+M^*+ext^*)^{1-\alpha^*}$$

$$\Rightarrow ext=ext^* \tag{13}$$

将(12)式与(13)式比较可知，俄罗斯将实际勒索额度定位于 ext^* 是一个严格劣势策略。

当 $ext>ext^*$ 时，$q=1$

$$(1-p)\left(\frac{T}{Y_{IND}Y_{RUS}}\right)^{\alpha^*}(EX-c+M^*+ext^*)^{1-\alpha^*}$$

$$+p\left(\frac{\rho T}{Y_{IND}Y_{RUS}}\right)^{\alpha^*}(EX-c-ext^*)^{1-\alpha^*}$$

$$\Rightarrow ext=EXT=\frac{(EX-c)\left(1-\left(\frac{1-p}{p\rho^{\alpha^*}}\right)^{-\frac{1}{\alpha^*}}\right)-\left(\frac{1-p}{p\rho^{\alpha^*}}\right)^{-\frac{1}{\alpha^*}}M^*}{\left(1+\left(\frac{1-p}{p\rho^{\alpha^*}}\right)^{-\frac{1}{\alpha^*}}\right)} \tag{14}$$

通过对博弈模型的分析可知，对俄罗斯而言，若印度成功识别勒索的概率较大，则将实际勒索额度定为 $ext^*-\sigma$，否则就将实际勒索定为 ext①。

五、结论及对我国的影响

对印度而言，由于其当下工业基础和经济实力较弱及其特定的战略定位，必将大量进口俄制装备，但在长期中，印度可以通过拓宽武器进口渠道、提高自身研发能力或调整战略方针等手段降低在购买俄罗斯军火时被敲诈的程度。

对俄罗斯而言，要想实现对印军工出口并由此发展俄印关系，需确保三点：

第一，在敲诈额度上，不过度刺激印度。

第二，在对印军火贸易上，加强对印军售的售后服务、装备改进等，提高印度对新购入俄制装备的适应能力，以期印度对俄制装备产生依赖性。

第三，在选择敲诈额度时，需考虑印度在相关领域的研发能力和实际经验，避免勒索被印度识破。

对我国而言，作为印度的邻国，我们在处理对印关系时须把握两点：

第一，保证外交政策不受国内民族主义情绪影响，避免过度刺激印度，导致其扩张军备。

---

① 俄罗斯在勒索额度的选择上最具典型性的案例是针对印度航母“维克拉玛蒂亚”号的不断追加资金：俄罗斯与印度早在 2004 年即达成协议，俄军将二手航母戈尔什科夫海军上将号航母（印度重新命名为维克拉玛蒂亚号）免费给予印度，但印度须支付 9.74 亿美元作为改造费用。之后，俄罗斯利用印度缺乏航母设计和改造经验，不断要求印度追加资金，最终价格达到了 23.5 亿美元之多。参见《印度时报》网上新闻，http://www.thehindu.com/news/national/gorshkov-deal-finalised-at-usd-23-billion/article228791.ece。

第二，面对印度的军备扩张，应看到其进口军备金额与进口军备实际作战能力的差距，对印度与俄罗斯的军事合作不必太过焦虑。

论文参考文献

1.李冠杰：一种正常的战略伙伴关系——印俄战略合作的成效与前景，《俄罗斯研究》，2012 年第 4 期。

2.陈继东：近年来起伏跌宕的印巴关系，《南亚研究季刊》，2011 年第 3 期。

3.郑瑞祥：中印关系的发展历程及前景展望，《国际问题研究》，2010 年第 4 期。

4.陈金英：价值与工具：印度人民党意识形态诉求的政治学分析，《武汉大学学报》，2008 年第 9 期。

5.管银凤：印度宗教民族主义探析，《世界民族》，2008 年第 3 期。

6.胡志勇：后冷战时期印度与俄罗斯的关系及其影响，《社会科学》，2007 年第 5 期。

7.李勇：不断走向纵深的俄印军事合作，《党政干部学刊》，2007 年第 4 期。

8.李渤：俄印关系中的心理因素分析，《东北亚论坛》，2006 年第 11 期。

9.吴瑕：俄罗斯与印度军事合作态势分析，《俄罗斯中亚东欧研究》，2006 年第 5 期。

10.吴永年：论 21 世纪国际关系中的中俄印“战略三角”，《俄罗斯中亚东欧研究》，2006 年第 5 期。

11.马嫒：俄印关系的发展及其特点，《南亚研究季刊》，2004 年第 1 期。

12.赵干城：论印度对俄政策的态势与意义，《南亚研究季刊》，2003 年第 3 期。

13.杨平学：浅析制约中印关系发展的几个主要因素，《南亚研究季刊》，2002 年第 1 期。

14.朱桃红：印俄战略伙伴关系研究，河北师范大学硕士论文，2011 年。

15.胡克琼：安全两难与冷战后的印巴关系，河北师范大学硕士论文，2008 年。

16.林承节：《印度史》，人民出版社 2004 年版。

17.张建华：《俄国史》，人民出版社 2004 年版。

18.安东尼·萨顿：《悄悄的自杀——美国对莫斯科的军事援助》，世界知识出版社 1980 年版。

19.R. G. Gidadhubli：Indo-Russian Economic Ties：Advantage Russia. *Economic and Political Weekly*, Vol. 44, No. 3 (Jan. 17—23, 2009), pp. 21—23.

20.B.M. Jain：India and Russia：Reassessing the Time-Tested Ties. *Pacific Affairs*, Vol. 76, No. 3 (Fall, 2003), pp. 375—397.

21.R. G. Gidadhubli：India-Russia Relations：Looking beyond Military Hardware. *Economic and Political Weekly*, Vol. 36, No. 46/47 (Nov. 24—30, 2001), pp. 4349—4351.

22.Ramesh Thakur：The Impact of the Soviet Collapse on Military Relations with India. *Europe-Asia Studies*, Vol. 45, No. 5 (1993), pp. 831—850.

23.Benjamin Klein, Robert G. Crawford and Armen A. Alchian：Vertical Integration, Appropriable Rents, and the Competitive Contracting Process. *Journal of Law and Economics*, Vol. 21, No. 2 (Oct., 1978), pp. 297—326.

改进的密封第一价格拍卖的博弈模型及均衡分析

穆　岚

2010210737 上海财经大学统计与管理学院　概率论与数理统计硕士研究生

摘　要：本文在独立私有价值下讨论密封第一价格拍卖的纳什均衡，提出用三角形分布代替经典的均匀分布假设，并且在考虑交易费用、佣金，以及买主的风险偏好程度的条件下，给出买主的出价纳什均衡解。同时，分析了拍卖机制中交易费用、佣金比率及风险规避系数对本文得到的纳什均衡解的影响。研究表明，费用同出价成正相关，佣金比率同出价反相关，风险规避系数同出价反相关。

关键词：一级密封价格拍卖　纳什均衡　三角形分布　期望效用　风险规避

一、引言

拍卖是一种源于国外的交易机制，比如古董、艺术品等贵重商品的拍卖，又如政府的重大工程或者服务项目的招标，这两者虽然在金钱流向上体现出本质区别，但究其形式和操作上是有很多共同之处的。一般情况下，拍卖模型主要是基于两类市场机制，即可以分为完全信息拍卖和不完全信息拍卖。事实上，能够较好地符合现实社会的应该是不完全信息下的拍卖，但是这给理论研究带来了很多不确定性，因此目前的讨论主要是在不完全信息的两种极端情形下进行的。本文主要研究其中一种极端情形，即独立私有价值下的拍卖，也即每个参与拍卖的买主都清楚自己对拍卖品的私人评价，但是不知道别人的私人评价情况，而且各人的估计是相互独立的，每个买主的评价和其他买主的评价之间都不相关。

根据 Vickrey 的分类，有四大标准拍卖方式：荷兰式拍卖、密封第一价格拍卖、英国式拍卖和密封第二价格拍卖。[1]对这四种拍卖方式和两类拍卖机制的研究，目前主要有三类拍卖模型：对称的独立私有价值模型（Symmetric Independent Private Value）、共同价值模型（Common Value）和关联价值模型（Affiliated Value）。[2]国内外学者已经在拍卖理论和其他实际应用中取得很多成果，但是在拍卖模型建立中，大多是基于买主全为风险中性者，并且买主的私人评价独立共同分布于同一区间的均匀分布这种假设下的。这种基本假设虽然在一定程度上简化了模型，但是也偏离了现实社会。近来有学者对于均匀分布假设做了改进，提出了基于三角形分布下的密封第一价格拍卖博弈模型[3]。这种分布函数能够更好地符合买主这一理性人在拍卖过程中对于出价的一种趋众心理，然而该种模型依旧是基于经典的风险中性假设下的，而实际上买主们除了对同一标的物的私人评价不一样，在拍卖出价上的风险偏好程度也是不一致的，同时在拍卖中买主即便没有拍得商品，也是要付出一定的机会成本，就是要考虑交易费用以及拍卖商收取的佣金。

因此，本文试图考虑基于三角形分布、拍卖存在交易费用和佣金以及买主们的风险偏好度不相同等因素下，建立独立私有价值机制下的密封第一价格拍卖的出价策略博弈模型。通过这种对经典模型的改进，得到一种更加符合实际拍卖情况的均衡结果，以期给现实拍卖提供一些指导性建议。

二、模型建立

（一）基本假设

假设 1 有 n 个买主，买主 i 视自己以及其余买主的私人评价为一个随机变量，买主们之间的私人评价相互独立，不受其他买主的估价影响，买主 i 的私人评价 v_i（$i=1,2,\cdots,n$）独立且服从某同一区间的三角形分布。

假设 2 若同时有 $r(0\leqslant r\leqslant n)$ 个买主出价相同时，等概率 $\frac{1}{r}$ 获得拍卖品，比如抽签决定。

假设 3 如果买主没有获得拍卖品，需要缴纳的费用为 f，其效用值为 ω。拍卖商收取的佣金比率为 t。

假设 4 买主的风险偏好用效用函数 $u(x)$ 来表征，其中 $u(x)>0$，x 表示收益。注意到若买主是风险中性的，则买主的效用函数为经典形式，即 $u(E(x))=E(u(x))$；若买主是风险规避型的，则 $u'>0,u''<0$ 且 $u(E(x))>E(u(x))$；若买主是风险喜好型的，则 $u'>0,u''>0$ 且 $u(E(x))<E(u(x))$。

（二）密封第一价格的拍卖博弈模型

考虑独立私有价值拍卖建模，拍卖规则是密封第一价格拍卖。首先假设只有两个买主，应用对称性，这个博弈是建立在买主估计了另一买主的出价行为的条件下，才决定自己的最优出价策略（即纳什均衡）。也就是说，买主的最优出价策略应该是选择一个能使自己的期望支付最大化的出价，继而归纳推广到 n 个买主的一般情形。

又考虑到之前经典的均匀分布函数假设过于理想化，而正态分布在计算上又过于复杂，不具有实用性，因而采用三角形分布来近似代替正态分布。这种分布假设改进有两点好处：第一，密封第一价格拍卖实际上在出价上只与最高的价格有关，这种关于某一点的集中趋势，可以很好地被三角形分布模拟；第二，不像正态分布的密度函数那么复杂，三角形分布在理论证明上也给出了较为简单的结论。

针对这个模型，进一步假设买主 i 的私人评价 v_i 服从区间 $(0,1)$ 上的三角形分布，其密度函数为：

$$f(x)=\begin{cases}\dfrac{2x}{a} & x\leqslant a\\[2ex]\dfrac{2(1-x)}{1-a} & x>a\end{cases}$$

其中，$a\in(0,1)$ 为随机变量的集中趋势。

1. 风险中性假设下的纳什均衡

情况一：两买主模型建立。

考虑到对称性，不妨从买主 i 的角度着手，其支付函数为：

$$u_i(b_i,b_j)=\begin{cases}v_i-b_i,b_i>b_j\\ \dfrac{v_i-b_i}{2},b_j=b_j\\ \omega,b_i<b_j\end{cases} \tag{1}$$

基于前面随机化假设，这个博弈问题是建立在买主 i 估计了买主 j 的出价行为的条件下，才决定自己的最优出价策略的。于是给定买主 i 的 v 和 b 的情况下，其仅考虑交易费用的期望支付为：

$$u_i=(v-b)p\{b_j<b\}+\omega p\{b_j>b\}$$

$$=\begin{cases}(v-b-\omega)\displaystyle\int_0^{g(b)}\frac{2xdx}{a}+\omega & g(b)\leqslant a\\ (v-b-\omega)\left[\displaystyle\int_0^{a}\frac{2xdx}{a}+\int_a^{g(b)}\frac{2(1-x)dx}{(1-a)}\right]+\omega & g(b)>a\end{cases}$$

$$=\begin{cases}(v-b-\omega)\dfrac{g^2(b)}{a}+\omega & g(b)\leqslant a\\ (v-b-\omega)\dfrac{2g(b)-g^2(b)-a}{1-a}+\omega & g(b)>a\end{cases} \tag{2}$$

若 $g(b)\leqslant a$，则其最优化条件为 $-\dfrac{g^2(b)}{a}+(v-b-\omega)\dfrac{2g(b)g'(b)}{a}=0$。注意到若 $b^*(\cdot)$ 是买主 i 的最优策略，则有 $g(b)=v$。即有：$-\dfrac{v^2}{a}+(v-b-\omega)\dfrac{2vv'}{a}=0$，也即：$\dfrac{db}{dv}=\dfrac{2v(v-b-\omega)}{v^2}$。

求解上述常微分方程得：

$$b^*=\frac{2}{3}v-\omega \tag{3}$$

则(3)式即为该博弈问题在 $g(b)\leqslant a$ 下的纳什均衡。

若 $g(b)>a$，同理可得 $\dfrac{db}{dv}=\dfrac{(2-2v)(v-b-\omega)}{2v-v^2-a}$，解该常微分方程得：

$$b^*=\frac{2v^3-3(\omega+1)v^2+6\omega v}{3a+6v+3v^2} \tag{4}$$

则(4)式为此时的纳什均衡。

进一步，给定买主 i 的 v 和 b 的情况下，其考虑交易费用和佣金的期望支付为：

$$u_i=(v-(1+t)b)p\{b_j<b\}+\omega p\{b_j>b\}$$

$$=\begin{cases}(v-(1+t)b-\omega)\displaystyle\int_0^{g(b)}\frac{2xdx}{a}+\omega & g(b)\leqslant a\\ (v-(1+t)b-\omega)\left[\displaystyle\int_0^{a}\frac{2xdx}{a}+\int_a^{g(b)}\frac{2(1-x)dx}{(1-a)}\right]+\omega & g(b)>a\end{cases}$$

$$=\begin{cases}(\upsilon-(1+t)b-\omega)\dfrac{g^2(b)}{a}+\omega & g(b)\leqslant a\\(\upsilon-(1+t)b-\omega)\dfrac{2g(b)-g^2(b)-a}{1-a}+\omega & g(b)>a\end{cases}\tag{5}$$

若 $g(b)\leqslant a$，$b^*=\dfrac{2\upsilon-3\omega}{3(1+t)}$为纳什均衡。

若 $g(b)>a$，$b^*=\dfrac{2\upsilon^3-3(\omega+1)\upsilon^2+6\omega\upsilon}{(1+t)(3a-6\upsilon+3\upsilon^2)}$为纳什均衡。

情况二：n 个买主模型建立。

由数学归纳的思想，在给定买主 i 的 υ 和 b 的情况下，考虑交易费用和佣金，买主 i 的支付期望支付为：

$$u_i=(\upsilon-(1+t)b)\prod_{j\neq i}p\{b_j<b\}+\omega\left(1-\prod_{j\neq i}p\{b_j<b\}\right)$$

$$=\begin{cases}(\upsilon-(1+t)b-\omega)\left[\dfrac{g^2(b)}{a}\right]^{n-2}+\omega & g(b)\leqslant a\\(\upsilon-(1+t)b-\omega)\left[\dfrac{2g(b)-g^2(b)-a}{1-a}\right]^{n-1}+\omega & g(b)>a\end{cases}\tag{6}$$

若 $g(b)\leqslant a$，$b^*=\dfrac{(2n-2)\upsilon-(2n-1)\omega}{(2n-1)(1+t)}$为纳什均衡。

若 $g(b)>a$，$b^*=\dfrac{\int 2(n-2)(\upsilon-1)(\upsilon-\omega)(-2\upsilon+\upsilon^2+a)^{n-2}d\upsilon}{(1+t)(a-2\upsilon+\upsilon^2)^{n-2}}$为纳什均衡。

2. 风险规避型买主的纳什均衡

假设买主的效用函数为 $u_i(y_i)=y_i^{(1-r_i)}$，其中 $y_i=\upsilon_i-b_i$，r_i 表示买主 i 的风险规避程度系数，$0\leqslant r_i<1$。关于风险规避型的效用函数有很多，顾梦迪[4]等人在文献中采用CARA效用函数，本文采用的是王则柯[1]所提及的效用函数，其中 $1-r_i$ 越小，表示买主 i 的风险规避程度越高，则其出价也越低。

为了便于计算，这里不妨直接写出其关于分布函数的纳什均衡形式解，这样的话，对于不同的分布假设均可以成立，并且在形式上也更加简练。若 n 个买主的密封第一价格拍卖，设买主 i 是风险规避型的，并且他的私人评价 υ_i 服从分布函数 $F(x)$，比如上文讨论的三角形分布，则在给定 υ、b、r 下，其效益期望为：

$$u_i(x)=(x-(1+t)b)^{1-r}F^{n-1}(x)+\omega(1-F^{n-1}(x))\tag{7}$$

于是，同理可知其最优化条件为

令 $Y=(x-(1+t)b)^{1-r}$，解常微分方程得到，此时风险规避型的买主：

$$(1-r)(x-(1+t)b)^{-r}(1-(1+t)\frac{db}{dx})F^{n-1}(x)+[(x-(1+t)b)^{1-r}-\omega](n-1)$$

$$F^{n-2}(x)F'(x)=0$$

最优出价可以表示为：

$$b^*=\frac{\upsilon-(\omega+CF^{1-n}(x))^{\frac{1}{1-r}}}{1+t}\tag{8}$$

(8)式即为风险规避型买主的纳什均衡。显然，买主的出价不会高于他的私人评价，由(8)式可知,当 C 为正时,上式满足条件 $b^* \leqslant \upsilon$,符合实际情况。而当风险规避系数 r 越逼近 1 时,则买主的出价越低;当佣金比率越高时,出价越低;参与拍卖的买主越多,出价越高,拍卖的交易费用越高,即 ω 越小,则出价越高。

三、纳什均衡的结论分析

由“风险中性假设下的纳什均衡”部分可知,考虑交易费用和佣金的条件下,n 个风险中性的买主在密封第一价格拍卖下,基于三角形分布假设的拍卖出价的纳什均衡解可以表述为

若 $g(b) \leqslant a, b^* = \dfrac{(2n-2)\upsilon-(2n-1)\omega}{(2n-1)(1+t)}$ 为纳什均衡。

若 $g(b) > a$, $b^* = \dfrac{\int_0^{\upsilon} 2(n-2)(x-1)(x-\omega)(-2x+x^2+a)^{n-2}dx}{(1+t)(a-2\upsilon+\upsilon^2)^{n-2}}$ 为纳什均衡。

当 $t=0, \omega=0$ 时,显然结论就是马国顺[3]等人所得到,但是本文认为实际交易机制下,需要考虑交易费用和佣金,这是对马国顺等人的结论的进一步完善。

当 $g(b) \leqslant a$ 时,$\dfrac{(n-1)\upsilon}{n} \leqslant b^* = \dfrac{(2n-2)\upsilon-(2n-1)\omega}{(2n-1)(1+t)} \leqslant \dfrac{(2n-2)\upsilon}{(2n-1)}$

这表明三角形分布代替均匀分布,使得卖主能获得买主相对较高的价值,同时买主也会考虑佣金和交易费用的存在,而出价相对低些。并且拍卖的交易费用越高,即 ω 越小,则出价越高。若收取佣金,t 越大,则出价越低。当 $g(b) > a$ 时,结论相同。

由“风险规避型买主的纳什均衡”部分知道,若买主是风险规避型,则由(8)式可知,当风险规避系数 r 越逼近 1 时,则买主的出价越低;当佣金比率越高时,出价越低;参与拍卖的买主越多,出价越高,拍卖的交易费用越高,即 ω 越小,则出价越高。

论文参考文献

1.王则柯、李杰:《博弈论教程》(第 2 版),中国人民大学出版社 2010 年版。

2.田国强:《现代经济学与金融学前沿发展》,商务印书馆 2002 年版。

3.马国顺、杨丽英、刘文文:基于三角形分布的一级密封价格拍卖博弈及均衡分析,《工业技术经济》,2010 年第 2 期。

4.顾梦迪、李寿德、汪帆:排污权私人价值拍卖机制中风险规避型竞拍者的出价策略,《系统管理学报》,2009 年第 4 期。

5.郑晓星:《拍卖导论》,上海社会科学院出版社 2001 年版。

最优关税：一个动态博弈模型分析

斯　文

上海财经大学公共经济与管理学院　财政理论和政策硕士研究生

摘要：20 世纪 70 年代，博弈论开始大量应用于经济学的研究中，到 20 世纪 80 年代已经成为主流经济学的一部分。本文运用两阶段完全但非完美信息博弈，通过建立数学模型，分析子博弈完美纳什均衡和帕累托最优条件下政府制定的关税税率及企业的产量，并得出一些结论。

关键词：动态博弈　最优关税

一、博弈模型所涉及的一些概念

从 20 世纪 70 年代，博弈论开始大量应用于经济学的研究中，到 20 世纪 80 年代已经成为主流经济学的一部分，1994 年诺贝尔经济学奖授予三位博弈论专家——纳什(Nash)、泽尔腾(Selten)和海萨尼(Harsanyi)，这就是对博弈论的最好评价。本文所应用的是两阶段完全但非完美信息博弈(the two-stage game of complete but imperfect information，以下简称"两阶段博弈模型")[①]，它是完全信息动态博弈的一种延伸。其定义是：从动态博弈的整个过程而言，在博弈的两个阶段中，至少有一个阶段存在不少于 2 个博弈方同时选择各自行为，并且第二阶段的博弈方在行动前能观测到第一阶段博弈方作出的选择的一种博弈形式。

(一)两阶段博弈模型的基本形式

(1)博弈的第一阶段：有 n 个博弈方，分别为博弈方 1、博弈方 2、…、博弈方 n，同时选择行为 $a_1, a_2, \cdots, a_n$，其中 $a_1 \in A_1, a_2 \in A_2, \cdots, a_n \in A_n$，$A_1, A_2, \cdots, A_n$ 分别表示博弈方 1、博弈方 2、…、博弈方 n 的可选行为集(feasible set)，而 $A_{\mathrm{I}} = (a_1, a_2, \cdots, a_n)$ 表示第一阶段 n 个博弈方的行为组合(portfolio of actions)。

(2)博弈的第二阶段：有 m 个博弈方，分别为博弈方 $n+1$、博弈方 $n+2$、…、博弈方 $n+m$，同时选择行为 $a_{n+1}, a_{n+2}, \cdots, a_{n+m}$，其中 $a_{n+1} \in A_{n+1}, a_{n+2} \in A_{n+2}, \cdots, a_{n+m} \in A_{n+m}$，而 $A_{n+1}, A_{n+2} \cdots, A_{n+m}$ 分别表示博弈方 $n+1$、博弈方 $n+2$、…、博弈方 $n+m$ 的可选行为集(feasible set)，而 $A_{\mathrm{II}} = (a_{n+1}, a_{n+2}, \cdots, a_{n+m})$ 表示第二阶段 m 个博弈方的行为组合。

(3)各博弈方的得益都取决于所有博弈方的行为，即行为组合$(A_{\mathrm{I}}, A_{\mathrm{II}})$，因而可表示为

---

① 谢识予先生将其译为"同时选择的两阶段博弈"，参见《经济博弈论》(第二版)第 163 页，谢识予编著，复旦大学出版社 2002 年版。

博弈方 $i(i=1,2,\cdots,n+m)$ 的得益是各博弈方所选择策略的多元函数 $U_i=U_i(A_{\mathrm{I}},A_{\mathrm{II}})$。

(二)两阶段博弈模型的子博弈完美纳什均衡

首先简单介绍子博弈和子博弈完美纳什均衡。子博弈的定义是:由一个动态博弈第一阶段以外的某阶段开始的后续博弈阶段构成的,有初始信息集和进行博弈所需要的全部信息,能够自成一个博弈的原博弈的一部分,称为原动态博弈的一个"子博弈"。如果是各博弈方的行为构成的行为组合即是原博弈的纳什均衡,同时又在每个子博弈上是纳什均衡,则就是子博弈完美纳什均衡。[①]

在完全信息动态博弈中,通常用逆推归纳法(backwards induction)来推出子博弈完美纳什均衡,所谓逆推归纳法,就是从博弈最后一个阶段的博弈方行为开始分析,逐步倒推回前一个阶段相应的博弈方的行为选择,以此直至推到第一阶段的分析方法。在两阶段博弈模型中运用这种方法就是[②]:面对第一阶段可选行为组合 A_{I},第二阶段 m 个博弈方有最优选择即一个纳什均衡行为组合 $A_{\mathrm{II}}^*=(a_{n+1}^*,a_{n+2}^*,\cdots,a_{n+m}^*)=(a_{n+1}(A_{\mathrm{I}}),a_{n+2}(A_{\mathrm{I}}),\cdots,a_{n+m}(A_{\mathrm{I}}))$;因为在博弈的第一个阶段,$n$ 个博弈方应该预测到 m 个博弈方在第二阶段将按照 A_{II}^* 的规则行动,n 个博弈方有最优选择即一个纳什均衡行为组合 $A_{\mathrm{I}}^*=(a_1^*,a_2^*,\cdots,a_n^*)=(a_1(A_{\mathrm{II}}^*),a_2(A_{\mathrm{II}}^*),\cdots,a_n(A_{\mathrm{II}}^*))$,所以两阶段博弈模型中的子博弈完美纳什均衡就是 $(A_{\mathrm{I}}^*,A_{\mathrm{II}}^{**})$,其中 $A_{\mathrm{II}}^{**}=(a_{n+1}^{**},a_{n+2}^{**},\cdots,a_{n+m}^{**})=(a_{n+1}(A_{\mathrm{I}}^*),a_{n+2}(A_{\mathrm{I}}^*),\cdots,a_{n+m}(A_{\mathrm{I}}^*))$。

二、最优关税的动态博弈模型[③]

(一)假设前提

假设条件是建立经济模型的前提条件,最优关税的动态博弈模型的假设条件包含以下几方面:

(1)有两个国家,分别称为国家 1 和国家 2,这两个国家在博弈模型中作为博弈方决定着本国对某种进口商品的关税税率 t_i,$(i=1,2)$ 且 $t_i\geqslant 0$。

(2)两国各有一个企业(可看作国内企业的集合体)生产这种既内销又相互出口的商品,称这两个企业为企业 1 和企业 2。

(3)企业 i 生产 q_i+e_i 单位的商品,其中 q_i 是用于内销,而 e_i 是满足出口的商品数量,且 $q_i,e_i\geqslant 0$。

(4)企业 i 的成本函数是线性函数 $C_i=c_i(q_i+e_i)+c_{i0}$,其中 c_i 表示边际成本,c_{i0} 是企业的固定成本,边际成本 c_i 不随产量的变化而变化。

(5)在国家 i 的市场上该种商品的市场出清价格 p_i 是 q_i+e_j 的线性函数,即 $p_i=a_i-b_i(q_i+e_j)$,$ij=1,2$ 以及 $i\neq j$[④],其中 a_i 表示当需求量为 0 时的价格(笔者在此将 a_i 定义为"最高理性价格",即当价格上涨到 a_i 时恰好排挤所有可能的消费者),b_i 表示需求函数的斜率(假设这种商品是正常品),$a_i,b_i>0$。

---

① 关于子博弈和子博弈完美纳什均衡的内容,可参见《经济博弈论》(第二版)第 136—140 页,谢识予编著,复旦大学出版社 2002 年版;《博弈论与信息经济学》第 160—168 页,张维迎著,上海人民出版社 1996 年版。

② 具体的推导过程参见数学附录 1。

③ 本文采取局部均衡的分析方法。

④ 在下文中当同时出现 i,j 时,i,j 都满足 $i,j=1,2$ 以及 $i\neq j$ 的这两个条件。

(6)企业 i 的利润函数 $\pi_i = p_i q_i + p_j e_i - c_i(q_i + e_i) - c_{i0} - t_j e_i$;在国家 i 中,此商品带来的社会福利由该国消费者剩余①、企业的利润和关税收入这三部分构成。则社会福利函数 $W = \int_0^{q_i+e_j}(a_i - b_i Q)dQ - (q_i + e_j)p_i + \pi_i + t_i e_j$。

(7)该博弈模型存在子博弈完美纳什均衡和帕累托最优的必要条件②:$c_i \geqslant c_j, a_i \geqslant 2c_i - c_j, a_j \geqslant 4c_i - 3c_j$;即等价与(i)$c_1 \geqslant c_2, a_1 \geqslant 2c_1 - c_2, a_2 \geqslant 4c_1 - 3c_2$,或(ii) $c_2 \geqslant c_1, a_2 \geqslant 2c_2 - c_1, a_1 \geqslant 4c_2 - 3c_1$。

假设先有两国政府同时制定关税税率 t_1, t_2,然后企业 1 和企业 2 根据 t_1, t_2 同时决定各自的内销和出口的产量(q_1, e_1)和(q_2, e_2),企业的行为能看作使一个子博弈,因而整个博弈是一个两阶段博弈。

(二)博弈模型的子博弈完美纳什均衡和帕累托均衡

1. 子博弈完美纳什均衡

用逆向归纳法分析这个博弈,先从第二阶段企业的选择开始,假设两国已设定的关税税率 t_1, t_2,则理性的企业就必须求下面这个最大值的问题:

$$\max_{q_i, e_i} \pi_i = \max_{q_i, e_i}[p_i q_i + p_j e_i - c_i(q_i + e_i) - c_{i0} - t_j e_i]$$

等价于

$$\begin{cases} \partial[p_i q_i + p_j e_i - c_i(q_i + e_i) - c_{i0} - t_j e_i]/\partial q_i = 0 \\ \partial[p_i q_i + p_j e_i - c_i(q_i + e_i) - c_{i0} - t_j e_i]/\partial e_i = 0 \\ p_i = a_i - b_i(q_i + e_j) \end{cases}$$

求得反应函数:$q_i = \dfrac{a_i - c_i - b_i e_j}{2b_i}$,$e_i = \dfrac{a_j - c_i - t_j - b_j q_j}{2b_j}$

也就是等于反应函数组:

$$\begin{cases} q_1 = \dfrac{a_1 - c_1 - b_1 e_2}{2b_1} \\ e_1 = \dfrac{a_2 - c_1 - t_2 - b_2 q_2}{2b_2} \\ q_2 = \dfrac{a_2 - c_2 - b_2 e_1}{2b_2} \\ e_2 = \dfrac{a_1 - c_2 - t_1 - b_1 q_1}{2b_1} \end{cases}$$

通过解这个方程组得到纳什均衡的内销和出口商品数量:

$$\begin{cases} q_1^* = \dfrac{a_1 - 2c_1 + c_2 + t_1}{3b_1} \\ e_1^* = \dfrac{a_2 - 2c_1 + c_2 - 2t_2}{3b_2} \\ q_2^* = \dfrac{a_2 - 2c_2 + c_1 + t_2}{3b_2} \\ e_2^* = \dfrac{a_1 - 2c_2 + c_1 - 2t_1}{3b_1} \end{cases}$$

---

① 关于消费者剩余的内容参见数学附录 2。

② 具体的证明请阅读全文后参看数学附录 3。

现在回到第一阶段两个国家之间的博弈，即同时选择 t_1, t_2 使本国的社会福利最大化（采取非合作博弈）：$\max\limits_{t_i} W_i = \max\limits_{t_i}\left[\int_0^{Q^*}(a_i - b_iQ)dQ - (q_i^* + e_j^*)p_i^* + \pi_i^* + t_ie_j^*\right]$，其中 $Q^* = p_i^* + e_j^*$，$p_i^* = a_i - b_i(q_i^* + e_j^*)$ 以及 $\pi_i^* = p_i^* q_i^* + p_j^* e_i^* - c_i(q_i^* + e_j^*) - c_{i0} - t_je_i^*$。

等价于 $\partial\left[\int_0^{Q^*}(a_i - b_iQ)dQ - (q_i^* + e_j^*)p_i^* + \pi_i^* + t_ie_j^*\right]/\partial t_i = 0$

解得纳什均衡的关税税率：$t_i^* = \dfrac{a_i - c_j}{3}$，也就是等于 $t_1^* = \dfrac{a_1 - c_2}{3}$ 和 $t_2^* = \dfrac{a_2 - c_1}{3}$，根据假设前提(7)得到 $t_i^* \geqslant 0$。

然后将 (t_1^*, t_2^*) 代入 $(q_1^*, e_1^*, q_2^*, e_2^*)$ 中得到：
$$\begin{cases} q_1^{**} = \dfrac{4a_1 - 6c_1 + 2c_2}{9b_1} \\ e_1^{**} = \dfrac{a_2 - 4c_1 + 3c_2}{9b_2} \\ q_2^{**} = \dfrac{4a_2 - 6c_2 + 2c_1}{9b_2} \\ e_2^{**} = \dfrac{a_1 - 4c_2 + 3c_1}{9b_1} \end{cases}$$

综上所述，该博弈模型的子博弈完美纳什均衡为 $((t_1^*, t_2^*), (q_1^{**}, e_1^{**}, q_2^{**}, e_2^{**}))$。

2. 帕累托最优

假如各国政府确定的关税税率使两个国家的社会福利之和 W 最大（采取合作方式）以求达到帕累托最优，也就是求下面这个最大值问题：$\max\limits_{t_1, t_2} W = \max\limits_{t_1, t_2}(W_1 + W_2)$ 等于 $\partial W/\partial t_1 = 0$ 和 $\partial W/\partial t_2 = 0$。解得：

$$t_1 = -a_1 + \frac{11c_2 + 2c_1}{13}$$

$$t_2 = -a_2 + \frac{11c_1 + 2c_2}{13}$$

情况 1：当 $t_1 \in [-a_1 + \dfrac{11c_2 + 2c_1}{13}, +\infty)$ 和 $t_2 \in [-a_2 + \dfrac{11c_1 + 2c_2}{13}, +\infty)$ 之时，$\partial W/\partial t_1 \leqslant 0$ 和 $\partial W/\partial t_2 \leqslant 0$，即函数 W 是非递增函数。

情况 2：当 $t_1 \in (-\infty, -a_1 + \dfrac{11c_2 + 2c_1}{13}]$ 和 $t_2 \in (-\infty, -a_2 + \dfrac{11c_1 + 2c_2}{13}]$ 之时，$\partial W/\partial t_1 \geqslant 0$ 和 $\partial W/\partial t_2 \geqslant 0$，即函数 W 是非递减函数。

根据假设前提(7)可以得到 $t_1 = -a_1 + \dfrac{11c_2 + 2c_1}{13} \leqslant 0$ 和 $t_2 = -a_2 + \dfrac{11c_1 + 2c_2}{13} \leqslant 0$，而从假设前提(1)得到 $t_1 \geqslant 0$ 和 $t_2 \geqslant 0$，而此时函数 W 正处于非递增阶段，所以得出当 $\bar{t}_1 = 0, \bar{t}_2 = 0$ 时，W 取到最大值。而企业的产量是：$\bar{q}_1 = \dfrac{a_1 - 2c_1 + c_2}{3b_1}$，$\bar{e}_1 = \dfrac{a_2 - 2c_1 + c_2}{3b_2}$，$\bar{q}_2 = \dfrac{a_2 - 2c_2 + c_1}{3b_2}$，$\bar{e}_2 = \dfrac{a_1 - 2c_2 + c_1}{3b_1}$。帕累托最优是 $((\bar{t}_1, \bar{t}_2), (\bar{q}_1, \bar{e}_1, \bar{q}_1, \bar{e}_1))$。

三、结论

从这个动态博弈模型中,可以得到以下一些结论:

首先,企业的纳什均衡产量不仅取决于本国市场及本企业自身的条件,而且受到国外同类商品市场和企业生产条件的影响。由于企业的子博弈完美纳什均衡产量为 $q_i^{**}+e_i^{**}=\frac{4a_i-6c_i+2c_j}{9b_i}+\frac{a_j-4c_i+3c_j}{9b_j}$,所以具体而言,在开放的经济中,一国企业的产量与本国及国外市场的"最高理性价格"成正比,与需求曲线的斜率成反比;一国企业的产量与自身的边际成本成反比而与国外同类商品的企业的边际成本成正比,即企业自身的边际成本低则产量高,如果国外企业的边际成本高则有利于本国企业扩大生产规模。从现实的国际贸易中不难发现:相比发展中国家,发达国家在资本和技术密集型产业中的产量十分巨大,而在劳动密集型行业产量相对要小许多,其中一个重要原因是发达国家的资本和技术密集型产业的边际成本比起发展中国家要低得多,而劳动密集型行业的边际成本则高许多(因为发达国家的人力资本价格高),发展中国家恰好相反。

其次,一国政府的纳什均衡关税税率高低取决于本国市场和国外同类产品企业的生产条件。一国政府的纳什均衡关税税率 $t_i^*=\frac{a_i-c_j}{3}$,关税税率与本国市场的"最高理性价格"成正比,而与国外企业的边际成本成反比。如表 1 所示,发达国家对于从发展中国家进口的劳动密集型产品(如纺织品、服装)征收高关税而对资本以及技术密集型产品(一般制造业产品)征收低关税,在一定程度上证明了一国关税与国外企业的边际成本成反比这一结论。

表 1　乌拉圭回合后几个发达国家的最惠国关税税率　(单位:%)①

	澳大利亚和新西兰	加拿大	美国	日本
纺织品	14.5	11.7	7.5	6
服装	34.8	16.6	15.2	10.2
一般制造业	7.6	2.9	1.5	0.9

最后,当各国政府同时把关税税率降到零时,全球的社会福利将会达到最大。从上面的博弈模型中看到,随着各国关税税率降低,全球的社会福利会不断提高。自 1948 年 1 月 1 日关贸总协定的临时实施至 1995 年 1 月 1 日世贸组织成立,在关贸总协定主持下,经过八轮贸易谈判使发达国家加权平均关税从 1947 年的 35%下降到 4%,发展中国家的平均税率则降至 12%左右。② 关贸总协定之后的 WTO 组织,其宗旨之一就是削减各成员国的关税税率,从而努力实现全球社会福利的帕累托最优,中国加入 WTO 就是为提高全球福利作出了重大贡献。

---

① 王允贵:《WTO 与中国贸易发展战略》,经济管理出版社 2002 年版,第 83 页。

② 刘军、李自杰:《世界贸易组织概论》,首都经济贸易大学出版社 2002 年版,第 8 页。

论文参考文献

1.Robert Gibbons，1992,*Game Theory for Applied Economics*,Princeton University Press,71－73.

2.Geoffrey A.Jehle，Philip J.Reny，2001，*Advanced Microeconomic Theory*，Addison-Wesley,293－306.

3.Harvey S.Rosen，1999,*Public Finance*（*Fifth edition*）,McGraw-Hill,55－57.

4.谢识予：经济博弈论(第二版)，复旦大学出版社 2002 年版，第 136－140 页。

5.张维迎：博弈论与信息经济学，上海人民出版社 1996 年版，第 160－168 页。

数学附录 1：用逆向归纳法来推出两阶段博弈的子博弈完美纳什均衡

当博弈进入第二阶段，给定第一阶段可选行为组合 A_{I}，第二阶段 m 个博弈方面临的是：

$$\begin{cases}\max\limits_{a_{n+1}} U_{n+1}(A_{\mathrm{I}},a_{n+1},a_{n+2},\cdots,a_{n+m})\\ \max\limits_{a_{n+2}} U_{n+2}(A_{\mathrm{I}},a_{n+1},a_{n+2},\cdots,a_{n+m})\\ \vdots\\ \max\limits_{a_{n+m}} U_{n+m}(A_{\mathrm{I}},a_{n+1},a_{n+2},\cdots,a_{n+m})\end{cases}$$

得到 m 个博弈方的反应函数组：$\begin{cases}a_{n+1}=R_{n+1}(A_{\mathrm{I}},a_{n+2},\cdots,a_{n+m})\\ a_{n+2}=R_{n+2}(A_{\mathrm{I}},a_{n+1},a_{n+3}\cdots,a_{n+m})\\ \vdots\\ a_{n+m}=R_{n+m}(A_{\mathrm{I}},a_{n+1},\cdots,a_{n+m-1})\end{cases}$

解得第二阶段的纳什均衡解：$a_{n+1}^{*}=a_{n+1}(A_{\mathrm{I}})$，$a_{n+2}^{*}=a_{n+2}(A_{\mathrm{I}})$，$\cdots$，$a_{n+m}^{*}=a_{n+m}(A_{\mathrm{I}})$，所以第一阶段的纳什均衡是 $A_{\mathrm{II}}^{*}=(a_{n+1}^{*},a_{n+2}^{*},\cdots,a_{n+m}^{*})$。

因为在博弈的第一个阶段，n 个博弈方应该预测到 m 个博弈方在第二阶段将按照 A_{II}^{*} 的规则行动，n 个博弈方在第一个阶段面临的问题是：

$$\begin{cases}\max\limits_{a_1} U_1(a_1,a_2,\cdots,a_n,A_{\mathrm{II}}^{*})\\ \max\limits_{a_2} U_2(a_1,a_2,\cdots,a_n,A_{\mathrm{II}}^{*})\\ \vdots\\ \max\limits_{a_n} U_n(a_1,a_2,\cdots,a_n,A_{\mathrm{II}}^{*})\end{cases}$$

得到 n 个博弈方的反应函数组：$\begin{cases}a_1=R_1(a_2,\cdots,a_n,A_{\mathrm{II}}^{*})\\ a_2=R_2(a_1,a_3\cdots,a_n,A_{\mathrm{II}}^{*})\\ \vdots\\ a_n=R_n(a_1,\cdots,a_{n-1},A_{\mathrm{II}}^{*})\end{cases}$

解得第一阶段的纳什均衡解：$a_1^{*}=a_1(A_{\mathrm{II}}^{*})$，$a_2^{*}=a_2(A_{\mathrm{II}}^{*})$，$\cdots$，$a_n^{*}=a_n(A_{\mathrm{II}}^{*})$，所以第二阶段的纳什均衡是 $A_{\mathrm{I}}^{*}=(a_1^{*},a_2^{*},\cdots,a_n^{*})$。然后，将 A_{I}^{*} 代入第二阶段的纳什均衡 A_{II} 中，得到 $a_{n+1}^{**}=a_{n+1}(A_{\mathrm{I}}^{*})$，$a_{n+2}^{**}=a_{n+2}(A_{\mathrm{I}}^{*})$，$\cdots$，$a_{n+m}^{**}=a_{n+m}(A_{\mathrm{I}}^{*})$，也就是 $A_{\mathrm{II}}^{**}=(a_{n+1}^{**},a_{n+2}^{**},\cdots,a_{n+m}^{**})$。综上所述，两阶段博弈模型中的子博弈完美纳什均衡就是$(A_{\mathrm{I}}^{*},A_{\mathrm{II}}^{**})$。

数学附录 2:消费者剩余

如图 1 所示:直线 p_0Q_0 是线性需求函数 $p=a-bQ$,p^* 和 q^* 是市场出清的价格和产量,则消费者剩余就是三角形 ΔAp^*p_0 的面积,所以消费者剩余 $CS=\int_0^{Q^*}pdQ=\int_0^{Q^*}(a-bQ)dQ$。

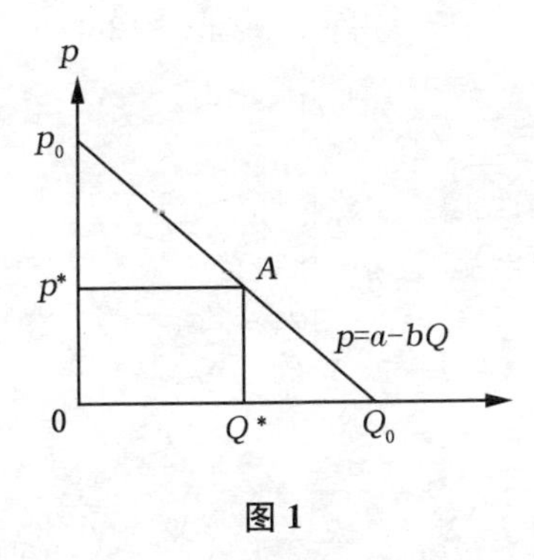

图 1

数学附录 3:最优关税博弈模型存在子博弈完美纳什均衡和帕累托最优必要条件的推导过程

在第二阶段,企业的纳什均衡产量:$q_i^*=\dfrac{a_i-2c_i+c_j+t_i}{3b_i}$ 和 $e_i^*=\dfrac{a_j-2c_i+c_j-2t_j}{3b_j}$。

(1)q_i^* 是 t_i 的一个单调递增函数,又因为 $t_i\geqslant 0,q_i\geqslant 0$,所以要保证帕累托最优的内销产量存在就是:$\min\limits_{t_i}q_i^*=q_i^*|_{t=0}=\overline{q_i}=\dfrac{a_i-2c_i+c_j}{3b_i}\geqslant 0$,由于 $t_i^*\geqslant\overline{t_i}=0$,此时纳什均衡的内销产量 $q_i^*\geqslant 0$ 也得到满足。

(2)e_i^* 是 t_j 的一个单调减函数,因为 $t_j\geqslant 0$,要保证纳什均衡的出口产量存在,就必须满足 $e_i^*|_{t_j=t_j^*}=\dfrac{a_j-2c_i+c_j-2t_j^*}{3b_j}=e_i^{**}\geqslant 0$,由于 $t_j^*\geqslant\overline{t_j}=0$,此时帕累托最优的出口产量 $\overline{e_i}\geqslant 0$ 也得到满足。

结合(1)和(2)得到不等式组:$\begin{cases}\dfrac{a_1-2c_1+c_2}{3b_1}\geqslant 0\\ \dfrac{a_2-2c_2+c_1}{3b_2}\geqslant 0\\ \dfrac{a_2-4c_1+3c_2}{9b_2}\geqslant 0\\ \dfrac{a_1-4c_2+3c_1}{9b_1}\geqslant 0\\ b_i>0\end{cases}$ 得到:$\begin{cases}a_1\geqslant 2c_1-c_2\\ a_2\geqslant 2c_2-c_1\\ a_2\geqslant 4c_1-3c_2\\ a_1\geqslant 4c_2-3c_1\end{cases}$

分四种情况讨论:情况 1 :$\begin{cases}2c_1-c_2\geqslant 4c_2-3c_1\\2c_2-c_1\leqslant 4c_1-3c_2\\a_1\geqslant 2c_1-c_2\\a_2\geqslant 4c_1-3c_2\end{cases}$ 得:$\begin{cases}c_1\geqslant c_2\\a_1\geqslant 2c_1-c_2\\a_2\geqslant 4c_1-3c_2\end{cases}$

情况 2:$\begin{cases}2c_1-c_2\leqslant 4c_2-3c_1\\2c_2-c_1\geqslant 4c_1-3c_2\\a_1\geqslant 4c_2-3c_1\\a_2\geqslant 2c_2-c_1\end{cases}$ 得:$\begin{cases}c_2\geqslant c_1\\a_1\geqslant 4c_2-3c_1\\a_2\geqslant 2c_2-c_1\end{cases}$

情况 3:$\begin{cases}2c_1-c_2\geqslant 4c_2-3c_1\\2c_2-c_1\geqslant 4c_1-3c_2\\a_1\geqslant 2c_1-c_2\\a_2\geqslant 2c_2-c_1\end{cases}$ 得:$\begin{cases}c_1\geqslant c_2\\c_2\geqslant c_1\\a_1\geqslant 2c_1-c_2\\a_2\geqslant 2c_2-c_1\end{cases}$

即 $\begin{cases}c_1=c_2\\a_1\geqslant 2c_1-c_2=c_1=c_2\\a_2\geqslant 2c_2-c_1=c_1=c_2\end{cases}$

情况 3 实际上是情况 1 和情况 2 的一种特例。

情况 4:$\begin{cases}2c_1-c_2\leqslant 4c_2-3c_1\\2c_2-c_1\leqslant 4c_1-3c_2\\a_1\geqslant 4c_2-3c_1\\a_2\geqslant 4c_1-3c_2\end{cases}$ 得:$\begin{cases}c_1\geqslant c_2\\c_2\geqslant c_1\\a_1\geqslant 4c_2-3c_1\\a_2\geqslant 4c_1-3c_2\end{cases}$

即 $\begin{cases}c_1=c_2\\a_1\geqslant 4c_2-3c_1=c_1=c_2\\a_2\geqslant 4c_1-3c_2=c_1=c_2\end{cases}$

情况 4 实际上等价于情况 3。

综上所述:博弈模型存在纳什均衡和帕累托均衡的必要条件:$\begin{cases}c_i\geqslant c_j\\a_i\geqslant 2c_i-c_j\\a_j\geqslant 4c_i-3c_j\end{cases}$

等价于 $\begin{cases}c_1\geqslant c_2\\a_1\geqslant 2c_1-c_2\\a_2\geqslant 4c_1-3c_2\end{cases}$ 或 $\begin{cases}c_2\geqslant c_1\\a_2\geqslant 2c_2-c_1\\a_1\geqslant 4c_2-3c_1\end{cases}$

高价择校过程中的寻租行为及其根源

——一种基于博弈论的理论探讨

林欣怡

2007119848 上海财经大学应用数学系　本科生

摘要：当今社会，尤其在城市，升学择校成为一种屡见不鲜的现象，并且有愈演愈烈之势。是什么原因造成了这样的现象？其根源在于教育资源分布的不均衡，中国家长传统观念中望子成龙的心态，使得家长从理性自利的角度出发，都希望能将子女送入拥有最优质、丰富资源的名校就读。而有限的择校名额无法满足家长们的需求，于是就产生了家长与政府官员之间的寻租行为。同时，这种择校行为客观上进一步加强了教育机构的"马太效应"，使得名校在和政府机构的博弈中进一步占据有利地位。本文试图从博弈论角度来分析上述几个问题。

关键词：择校　寻租　不完全信息静态博弈　混合策略纳什均衡

一、问题的提出

在近来一个较长的时期里，中国城市初、中级教育中出现了一种奇特的现象，以往按照户籍制度就近升学的制度越来越得不到学生家长的认同。舍弃省时省力的就近入学方式，家长们宁可跨县、跨区乃至跨市，舍近求远，不惜花重金为子女寻找一所高质量的名校。在择名校的过程中，家长耗费了大量的精力和财富，同时也往往产生了大量和入学相关的暗箱操作、贿赂等丑闻。这些丑闻时常见诸于报端，已经成为当前社会的焦点问题之一。民众中所流传的"新三座大山问题"之一便是关于子女入学择校问题。

择校问题究竟为何而来？表面看来，家长舍弃就近入学的便利，转而进行费时费力的择校，这样的选择并不符合理性人的行为方式。但是，深入分析会发现，抱有传统"望子成龙、望女成凤"观念的中国家长对待子女教育的态度，是有别于外国家长的。中国家长愿意付出更多的资源投资，以期在未来一个较长的时期后能够获得以养老、光耀门庭等中国传统方式呈现的高回报。在这种类似于风险投资的活动中，为了确保投资的安全，家长需要想尽各种办法为投资进行再保险甚至多重保险。在教育资源分配存在严重的不均衡情况下，这种保险就典型表现为家长不惜通过一切可能包括行贿等方式来确保子女能够在最好的学校接受最好的教育。因此，才产生了大量的教育寻租和被寻租问题。

有关这种教育资源的不均衡是如何产生，以及寻租的具体过程的研究，通常有多种研究方法，包括政治学、社会学乃至心理学的方法。而经济学由于较高的准确性和较易把握的优点，获得诸多研究者的青睐。在这之中，以博弈论作为一种分析工具，有利于我们更为清楚地认识到，在一个以"理性自利人"为行为基础的社会中，教育资源是怎样在名校和普通学校间分配，而家长和学校、政府教育部门官员之间又是一种怎样的利益关系。

二、观点假设和验证

（一）寻租活动的原因和表现

"寻租"的概念是由安德奥·克鲁格在1974年提出的。"寻租"即寻求"租金"，是为了争夺人为的财富转移而浪费资源的活动。现代意义上的"租金"并非地租，而是由于政府干预（或其他类似的东西）导致稀缺所形成的，是一种超过机会成本的收入。"租金"产生于权力，而非生产过程。[1]

名校的入学名额作为一种稀缺资源，受到了来自学校本身和教育行政主管部门的双重干预，因而在家长择校的过程中，在两个方向都有可能产生寻租行为。一方面，政府行政主管部门因为拥有对学校的行政管辖权，因而能够对学校产生较大的压力。在中国典型的行政——权力垄断体制情境下，行政部门拥有管辖权力，即意味着拥有获取一部分稀缺资源的能力，这部分资源则往往直接掌握在相应的行政领导手中，因此这一方向的寻租，表面上看来是家长 vs 政府行政部门，本质上则是家长 vs 政府行政首脑，因而多数以官员寻租和家长贿赂的形式进行。另一方面，学校作为专业性的教育机构，尤其是名校，往往会依据专业性等独占性优势对政府的压力形成一定的反制，因而学校也能掌握一定的名额稀缺资源，但是考虑到学校组织构架和政府机构的重大差异，因此学校很难完全由校长代表而实现向家长的寻租，它更多是以一个组织的形式出现，寻租的形式也变为对学校的私人赞助费或择校费等方式。因此，在择校过程中的寻租实际上是两方面的，许多家长为了能让自己的孩子上重点学校，或者在政府官员中寻找突破口，希望通过贿赂等方式拿到一个择校名额；或者向学校支付高额择校费，其中还包括为了得到名额而产生的其他成本。

（二）家长支付寻租的博弈模型分析

在家长的支付寻租活动中，其"得益"就是孩子进入重点学校的一个名额。下面将通过学生之间争夺名校的博弈来说明教育水平的不均衡如何导致家长愿意为学校和政府官员的寻租行为进行支付。[2]

假设：有A、B两名学生，都有选择重点学校与非重点学校的权利。进入重点学校将花去择校费 C，而进入非重点学校没有择校费；进入重点学校的学生将取得成就 S，而进入非重点学校的学生取得的成就为 $\alpha S(\alpha<1)$。

该博弈模型如下：

B学生 / A学生	重点学校	非重点学校
重点学校	$S-C, S-C$	$S-C, \alpha S$
非重点学校	$\alpha S, S-C$	$\alpha S, \alpha S$

首先，该博弈是一个不完全信息静态博弈。

如果双方同时选择重点学校或非重点学校，则双方得益相同。

当 $S-C>\alpha S$ 时，

B学生 A学生	重点学校	非重点学校
重点学校	$\underline{S-C},\underline{S-C}$	$\underline{S-C},\alpha S$
非重点学校	$\alpha S,\underline{S-C}$	$\alpha S,\alpha S$

纳什均衡为{重点学校,重点学校}。

收益组合为$(S-C,S-C)$。

当$S-C<\alpha S$时,

B学生 A学生	重点学校	非重点学校
重点学校	$S-C,S-C$	$S-C,\underline{\alpha S}$
非重点学校	$\underline{\alpha S},S-C$	$\underline{\alpha S},\underline{\alpha S}$

纳什均衡为{非重点学校,非重点学校}。

收益组合为$(\alpha S,\alpha S)$。

当重点学校与非重点学校教育水平相差不大时,作为一个理性人,都会选择非重点学校,而不会选择花高昂的择校费用进入重点学校;而当教育水平悬殊时,家长会普遍认为$S-C$将大大超过αS,那么就会选择重点中学。下面我们来看家长为了获得更高的"租金",如何导致高额的择校费用。

假设:正常的择校费为C_1,A、B通过行贿等方式拿到择校机会的成本为C_2,拿到择校机会的收益是S,没有拿到则为0。如果两者都行贿,则双方收益都为$S/2$;如果两者都不行贿,则收益都为$\alpha S(\alpha<1)$。

该博弈模型如下:

B家长 A家长	行　贿	不行贿
行　贿	$S/2-C_1-C_2,S/2-C_1-C_2$	$S-C_1-C_2,0$
不行贿	$0,S-C_1-C_2$	$\alpha S,\alpha S$

由上面的分析我们已经知道重点与非重点学校教育悬殊,即$S-C>\alpha S$,因此该博弈的纳什均衡为{行贿,行贿}。因为教育资源的不均衡,导致重点学校的稀缺,而家长又希望孩子进入重点学校,所以不得不以行贿来获取进入重点学校的名额,这样就导致了高额的择校费用,也使得政府官员等有权力的群体有了寻租机会。同样的验证方式,可以得出另一组纳什均衡为{支付高额择校费,支付高额择校费},说明家长依据一样的理性分析得出结论,愿意支付高额择校费以获得让子女进入名校的机会。因此,名校同样拥有了寻租机会。

三、择校根源的理论分析

(一)择校根源:教育资源分配的不均衡

上文已经提到,本文所有假设都建立在一个最重要的前提下,即由于公有教育资源分布的严重不均衡,导致了同一座城市中不同的公立教育机构拥有差异迥然的教育资源。这一方面体现为教学楼、实验设备、后勤服务等基础设施、硬性条件上;另一方面更重要的体现在教师资历、经验等隐性专有资源上,而与这些隐性资源紧密相关的还包括教师薪酬、福利保障、人才使用等一系列的软性制度上。政府能够向学校提供的所有硬、软性资源一定是稀缺的,任何两所争夺稀缺资源的学校之间一定是零和博弈。因此,一旦一所学校争夺到的资源较多,而其他所有学校能够共同分得的资源必然是处于较少状态的。因此,名校数量稀少的结果是竞争的必然结果。同时,作为具有强烈保险意识的家长,通过理性计算,得出更好的教师和设备将培养出拥有更多知识的子女的结论,因此才会形成少数若干所甚至只有一所名校供应教育,而众多学生和家长希望购买教育的卖方主导市场。

(二)教育资源不均衡分配的原因:名校与政府之间的博弈

从以上的分析,我们知道重点学校与非重点学校的差别是导致家长寻租的根源。那么问题在于,为什么名校总是能够较为顺利地获取政府提供的稀缺教育资源的大多数甚至全部?其中的一个重要原因,就是名校利用自己所有的包括名誉、影响力、教育才能等一系列非物质性、独占性资源,在与政府进行争取教育资源的博弈中往往能够占据较大的优势,并且由于每次博弈的成功,都会增强名校拥有的博弈能力,为下一次博弈的胜利增加更大的筹码,这进一步加剧了名校和普通学校间"强者恒强,弱者恒弱"的马太效应。下面笔者将建立一个博弈模型来从理论角度分析政府与名校间的博弈。

假设:政府对学校进行拨款的概率为α,不拨款的概率为$1-\alpha$;而学校认真办学的概率为β,不认真办学的概率为$1-\beta$;并且在这个博弈下,在政府拨款h的情况下,学校认真办学时政府的收益为$-h+R$,学校的收益为D(因为学校认真办学花去了政府的拨款h),学校不认真办学时政府的收益为$-h+\frac{1}{2}R$,学校的收益为$h+\frac{1}{2}D$(因为学校不认真办学,所以得到了政府的拨款h,但是不认真办学,收益就减少了);同理,当政府不拨款时,学校认真办学时政府的收益为0,学校的收益为$\frac{1}{3}D$,学校不认真办学时政府的收益为$-R$,学校的收益为$-\frac{1}{3}D$。

该博弈模型如下:

政府 \ 学校	认真办学(α)	不认真办学($1-\alpha$)
拨款(β)	$-h+R,D$	$-h+\frac{1}{2}R,h+\frac{1}{2}D$
不拨款($1-\beta$)	$0,\frac{1}{3}D$	$-R,-\frac{1}{3}D$

在该博弈模型下，求解它的混合策略纳什均衡。[3]

对于学校而言，它的期望效用函数为：

$$E_{学}=\alpha[\beta D+\frac{1}{3}(1-\beta)D]+(1-\alpha)[\beta(h+\frac{1}{2}D)-\frac{1}{3}(1-\beta)D]$$

将该函数对 α 求导，得到最优化条件：

$$\frac{\partial E_{学}}{\partial\alpha}=\beta D+\frac{1}{3}(1-\beta)D-\beta(h+\frac{1}{2}D)+\frac{1}{3}(1-\beta)D=0$$

$$\beta^{*}=\frac{4D}{D+6h}$$

同理，政府的期望效用函数为：

$$E_{政}=\beta[\alpha(-h+R)+(1-\alpha)(-h+\frac{1}{2}R)]-(1-\beta)(1-\alpha)R$$

$$\frac{\partial E_{政}}{\partial\beta}=\alpha(-h+R)+(1-\alpha)(-h+\frac{1}{2}R+R)=0$$

$$\alpha^{*}=\frac{2h-3R}{-R}$$

由此，我们可以得出以下结论：

(1)当 $\alpha>\alpha^{*}$ 时，学校选择认真办学的收益大于不认真办学的收益，所以学校会认真办学；当 $\alpha<\alpha^{*}$ 时，学校选择认真办学的收益小于不认真办学，所以学校不会认真办学。

(2)当 $\beta>\beta^{*}$ 时，政府给予学校拨款的收益大于不给予拨款，所以政府会给予学校拨款；当 $\beta<\beta^{*}$ 时，政府给予学校拨款的收益小于不给予拨款，所以政府不会给予学校拨款。

(3)当 $\alpha=\alpha^{*}$，$\beta=\beta^{*}$ 时，达到纳什均衡。

进一步分析发现：

(1)由 $\alpha^{*}=\frac{2h-3R}{-R}$ 可以得出：$R=\frac{2h}{3-\alpha}$，可以看出政府的收益与政府的拨款成正比，与学校认真办学的概率也成正比。

(2)由 $\beta^{*}=\frac{4D}{D+6h}$ 可以得出：$D=\frac{6\beta h}{4-\beta}$，可以看出学校的收益也与政府拨款成正比，与政府拨款的概率成正比。

由上面的博弈模型分析，我们可以发现政府也能够从名校效应中获取一定的收益，如家长们对政府管理教育事业能力的赞誉和信任，同时更出于对名校的“堕落”会导致家长迁怒于政府部门的担心，政府意识到必须注入更多的资金以促进名校的稳健发展。这种一方面的虚拟利益——良好政府声誉的诱惑，另一方面对于潜在威胁的恐惧，使得政府在和名校的博弈中必然是处于不利地位的。政府不得不将掌控的有限的教育资源分出较多部分给予名校，虽然这样会导致两极分化，即马太效应。

四、结论

通过以博弈论作为工具进行的理论性分析，我们可以得出一个基本结论，政府分配公共教育资源的不平衡，导致名校能够提供相对于普通学校拥有更大的竞争优势的教育服务和产品。而视教育为一项风险投资并渴望获得较大收益的家长，则会将进入名校、接受高质量教育视作这项风险投资的再保险。绝对稀缺的名校教育服务和产品与过大的家长优质教育产品需求形成了难以解决的矛盾。这种矛盾一方面催生了能够干预名校教育产品的政府部门和学校本身进行索贿或征收择校费的寻租行为;另一方面则使得家长愿意为这种寻租进行支付以图在这个卖方主导市场中获取稀缺的教育产品。

论文参考文献

1.卢现祥:《寻租经济学导论》,中国财政经济出版社 2000 年版,第 15～18 页。

2.罗县娇、万文涛:博弈论视野中的义务教育择校问题研究,《当代教育论坛》(上半月刊),2009 年 2 月,第 43～45 页。

3.谢识予:《经济博弈论》(第 3 版),复旦大学出版社 2002 年版,第 70～87 页。

我国民间借贷信用与对策分析

马韫璐

2007119834 上海财经大学应用数学系　本科生

摘要:民间借贷这种非正规金融长期活跃在农村金融市场，填补了农村金融市场的空白。笔者从法律法规、企业经营能力和贷款者的知情度三方面约束出发，对民间借贷中的信用问题进行研究，并提出了提高我国民间借贷信用度的个人观点和政策建议。

关键字:民间借贷　信用　博弈分析

近年来，随着国家宏观经济政策的调整和利率政策的影响以及区(县)域、农村经济不断发展，以民间借贷为主要形式的民间借贷呈现活跃态势。据国家工商局统计，我国个体工商户已达多1 500万，从业人员2 300多万人。一方面，乡镇企业、个体、私营企业、农村专业户的迅猛发展，需要大量资金，而银行信贷长期处于紧张状态。另一方面，城乡居民潜藏的货币日渐增多，利率高成了诱饵，因民间借贷起而填补空缺。

应该说，民间借贷活动对于当地经济，尤其是中小企业起到积极作用。[1]在面临启动资金和流动资金不足，季节性的生产资金周转需求等问题时，中小企业往往会依靠自身经济实力和诚信作担保，通过民间借贷渠道筹措资金，实现规模扩张和效益提高。与此同时，民间借贷的存在和发展，有助于增加竞争，促进当地金融服务水平提高和机构业务创新；而且，还有利于最大限度地动员各种储蓄资源，提高储蓄转化为投资的速度与效率，避免资金的闲置与低效配置。

但由于民间借贷缺乏一定的规范性，导致债权人的债权难以实现，债务纠纷屡屡发生，法院受理的债务案件明显上升。在一定程度上干扰了我国金融秩序，加大了私人资本投资的风险。

一、民间借贷的特征及其风险

由于我国目前还没有出台规范民间借贷的专门法律法规，所以在民间借贷中，[2]集资性借款与非法敛财难以区分，在集资初期往往无人监督，一旦借款发展到一定规模甚至出现资金链断裂，酿成风险后才被追究法律责任，风险极高。

资金所有者多为先富起来的农民，风险意识不强，法制意识淡薄，导致借贷运作不规范，手续不够完备。放债人面对高风险的借债人群体，风险防控手段没有实质提高，放款形式大部分依然采用口头协议、借条、便条等不规范方式运作，要求提供担保和抵押贷款的比例不大。由于借贷双方信息渠道不畅通，监控措施难以到位，贷款缺乏有效的安全支撑。

民间借贷行为自由度高，成交速度快，手续简单，相对于农村信用社手续烦琐，贷款调价苛刻的情况，更具有吸引力。但是由于其对放款对象没有严格的审批，存在一定的盲目性，一个借款人（特别是中小企业）往往向众多的民间主体借款，容易导致过度负债，造成资不抵债，无法按期还款。

民间借贷虽然利率不一，但与银行利率相比，总体水平仍然较高，月利率一般为30％～80％，有的甚至高达200％。由于出借人一味贪图高利，忽视借款人的偿还能力，盲目放贷，这种行为同时增加了民间借贷纠纷的风险。据有关部门对某市的抽样调查，民间借贷纠纷的比率达30％。

二、借贷双方决策的博弈分析

（一）初步分析及前提假设

首先，我们将民间借贷市场上的博弈用G表示。博弈参与双方为借款方（用T表示）和贷款方（用L表示）。其中，借款方的策略空间为G_T＝（守信，失信），贷款方的策略空间为G_L＝（借出，不借出），我们用U表示博弈双方在某个策略组合下的得益；考虑到模型的简化，我们将效用函数作为货币收入的一个近似，即U_T（守信，借出）表示借款方在守信条件下成功融入资金时，其所得的收益，同样U_L（失信，借出）表示借款方在失信条件下成功融入资金时的收益。

其次，在借贷市场中，关于信用问题，我们考虑在一般稳定私人借贷利率下，约束借款方决策的影响因素有三个方面：一是外部约束力，用O表示，主要指法律法规、行业规则等的约束；二是企业内部约束力，用I表示，主要包括企业的规模、素质和偿还能力；三是对贷款者对企业偿还程度的知情度和自身风险意识、法律意识的强弱，用K表示。

再次，上述三种约束力对于决策的影响效力不同，我们分别用E_O、E_I、E_K表示其各自的效率，其中E_O、E_I、E_K均小于1，大于0。

外部约束力的效率为E_O，由于民间借贷存在借贷范围广、资金零散，而且借贷流程不规范的特点，所以法律上的监管成本高昂，且无法进行全面有效的监控，所以，E_O的值会较低，在此不妨设为其所占比重为$X_O=0.2$。

内部约束力的效率为E_I，借款人作为信用主体，其本身的经营状况和企业素质是一个根本性的影响因素，来自内部的约束是非常有效的，在此设其比重为$X_I=0.5$。

贷款者对企业知情程度和自身的风险意识为E_K，在出现借贷纠纷时，如果贷款方采取了必要的担保，或者法律保护措施，且政府部门能够有相关的依据来主持公道时，贷款者权利受到保护的概率会很高。其效率在内部约束力与外部约束力之间，所以不妨将比重设为$X_K=0.3$。

另外，假设博弈双方均为完全理性人。

最后，假设在私人借贷利率为P_1，银行借贷利率为$P_2(P_1>P_2)$。借款金额为M，此款的预计投资收益率为λ，显然若要借贷成立的基本条件是$\lambda>P_1$，三种约束力对于收益的影响为$-F(E_O,E_I,E_K)$，其中，$F(E_O,E_I,E_K)=M(X_OE_O+X_IE_I+X_KE_K)$。而根据我们之前对$X_O,X_I,X_K$的约定，$(E_O,E_I,E_K)=M(0.2E_O+0.5E_I+0.3E_K)$。

(二)博弈分析

首先,在 O,I,K 三种约束力均不存在时,借贷双方的得益矩阵如图 1 所示:

		贷款者	
		借出	不借出
借款者	守信	$M(\lambda-P_1),\underline{M(1+P_1)}$	$M(\lambda-P_1)$, $M(1+P_2)$
	失信	$\underline{M\lambda},-M(1+P_2)$	$\underline{M\lambda},\underline{M(1+P_2)}$

图 1

在完全没有约束的情况下,即约束函数 $F(E_O,E_I,E_K)=0$,由画线法得此得益矩阵的纳什均衡为(不借出,失信)。此时,两者总得益为 $U_1=M\lambda+M(1+P_2)=M(\lambda+1+P_2)$。

该纳什均衡说明,在没有相关法律法规、企业自身经营状况不良,以及贷款方对于借款方情况不了解时,贷款方会作出不借出的决策,而借款方也会作出不守信的选择。

其次,在 O,I,K 三种约束力极强的时候,借贷双方的得益矩阵如图 2 所示:

		贷款者	
		借出	不借出
借款者	守信	$\underline{M(\lambda-P_1)}$, $\underline{M(1+P_1)}$	$\underline{M(\lambda-P_1)}$, $M(1+P_2)$
	失信	$M\lambda-F(E_O,E_I,E_K),\underline{-M(1+P_2)+F(E_O,E_I,E_K)}$	$M\lambda-F(E_O,E_I,E_K)$, $M(1+P_2)$

图 2

在完全约束的情况下,约束函数 $F(E_O,E_I,E_K)=0.2\ E_O+0.5\ E_I+0.3E_K$ 的值会足够大,使得 $M(\lambda-P_1)>M\lambda-F(E_O,E_I,E_K)$,$-M(1+P_2)+F(E_O,E_I,E_K)>M(1+P_2)$,$\underline{M(\lambda-P_1)}>M\lambda-F(E_O,E_I,E_K)$。所以,在该极端条件下,纳什均衡为(借出,守信),此时两者的总得益为 $U_2=M(\lambda-P_1)+M(1+P_1)=M(\lambda+1)$。

该纳什均衡说明,在法律法规相当健全、企业资产经营状况良好、贷款方的知情度较高的时候,完全理性的条件下,贷款方会作出借出资金的选择,借款方会遵守信用,偿还贷款。这也能说明民间借贷在我国经济发达的南方出现并渐渐兴起的原因。

事实上,由于约束主观的局限性和客观的存在性,上式提到的极端情况是不存在的,所以我们接下来要讨论更一般的情况。

由上式对 O,I,K 三种约束力的极端条件的分析可看出,策略组合的改变是由于函数 $F(E_O,E_I,E_K)$ 值的变化引起的,所以,对 O,I,K 非极端条件时博弈的讨论,将由 $M(\lambda-P_1)$,$M\lambda-F(E_O,E_I,E_K)$ 两者值大小的比较展开。

观察两个值的特点,其实质就是比较 MP_1 与 $F(E_O,E_I,E_K)$ 的大小。又由函数 $F(E_O,E_I,E_K)$ 的定义,我们需要讨论的是 P_1 与 $0.2E_O+0.5E_I+0.3E_K$ 的大小,我们记 $0.2\ E_O+0.5E_I+0.3E_K$ 为 E',由之前假设得 $E'<1$。

再次,当 $P_1<E'$ 时,$M(\lambda-P_1)>M\lambda-F(E_O,E_I,E_K)$,此时,失信是借款方的绝对下策,用严格下策消去法,得益矩阵如图 3 所示。

		贷款者	
		借出	不借出
借款方	守信	$M(\lambda-P_1),M(1+P_1)$	$M(\lambda-P_1)$，$M(1+P_2)$

图3

此时的纳什均衡仍为(借出,守信)。即在借贷过程中,当约束力较强,并且约束的效果超过私人借贷利率时,贷款方仍会作出借出资金的选择,借款方也会遵守信用,偿还贷款。特别是,E'越大,此时的博弈会越类似于在完全约束情况下的博弈矩阵。

再其次,在 $P_1=E'$ 这种情况下,因为 $P_1>>P_2$,所以,此时约束力和利率水平都较高,但由于 $E'<1$ 的约束,则 $P_1<1<2(1+P_2)$。此时,有 $-M(1+P_2)+F(E_O,E_I,E_K)<M(1+P_2)$,这时的得益矩阵如图4所示:

		贷款者	
		借出	不借出
借款方	守信	$M(\lambda-P_1),M(1+P_1)$	$M(\lambda-P_1)$，$M(1+P_2)$
	失信	$M\lambda-F(E_O,E_I,E_K),-M(1+P_2)+F(E_O,E_I,E_K)$	$M\lambda-F(E_O,E_I,E_K)$，$M(1+P_2)$

图4

此时的纳什均衡为(不借出,失信),即在三种约束力与利率对收益的影响相同的时候,如果私人借贷利率不够高,贷款者是不会将资金借出的。

最后,当 $P_1>E'$,即利率极高,已经大于三种约束力共同作用的效果时,有 $M(\lambda-P_1)<M\lambda-F(E_O,E_I,E_K)$,此时守信成为借款方的绝对下策,得益矩阵如图5所示:

		贷款者	
		借出	不借出
借款方	守信	$M\lambda-F(E_O,E_I,E_K),-M(1+P_2)+F(E_O,E_I,E_K)$	$M\lambda-F(E_O,E_I,E_K)$，$M(1+P_2)$

图5

下面,我们进一步比较贷款者的收益。

由之前分析知 $E'<1<2(1+P_2)$,此时约束力的管制较小,又因为 P_2 为银行利率,P_1 为民间借贷利率,由民间借贷的特征可知,$P_2<<P_1$,所以,$E'<<P_1$,此时的得益矩阵如图6所示:

		贷款者	
		借出	不借出
借款者	守信	$M\lambda-F(E_O,E_I,E_K),-M(1+P_2)+F(E_O,E_I,E_K)$	$M\lambda-F(E_O,E_I,E_K),M(1+P_2)$

图6

这种情况下的纳什均衡为(不借出,失信),也就是说,即使在私人借贷利率极高的情况下，基于对于信用的三种约束力的局限性考虑，贷款方仍会作出不借出的决策。特别是，E'越小，博弈状况会逼近于之前分析的在 O,I,K 三种约束力均极弱时借贷双方的纳什均衡。

三、民间借贷信用问题的对策分析

由上述博弈分析，我们可得结果如表 1 所示：

表 1

$P_1<E'$	（借出，守信）
$P_1=E'<2(1+P_2)$时	（不借出，失信）
$P_1>E'$	（不借出，失信）

根据表 1 的情况，再结合之前分析得出，强大的约束力和高额的私人贷款利率均可以促使贷款人作出借出资金的决策，但对于借款人来说，强大的约束力会使其选择守信，而过高的私人借贷利率会使其作出失信的选择。

当 P_1 值降低，E'增高时，借贷双方博弈纳什均衡会向（借出，守信）发展。所以加强约束力量和限制私人借贷利率过高，是保证民间借贷案件减少、借款者失信事件发生几率降低的最有效方法。

根据此结论，我们提出以下几点建议：

首先，有关部门应将民间借贷活动纳入国家正规金融监管的范围。国家有关部门应制定出台规范民间借贷的法规文件，明确其借贷利率、额度，同时对民间借贷机构的组织形式、专业化程度、风险控制技术、监督管理、债务追索及激励约束机制等进行明确，使正常民间借贷在合法化环境下得到充分的发展。

其次，对民间借贷的正规合法行为要通过逐步规范引导。同时，加强金融舆论宣传，倡导民众向正规、合法的金融机构融资；利用典型案例，充分揭示盲目借贷、乱集资等危害性，提高民众金融风险意识。

最后，各银行业金融机构应切实转变经营理念，强化服务意识，不断完善内部信贷管理运行机制，切实加强对农村居民和民营企业的信贷投入。通过搭建多形式的民间融资平台，丰富民间信用体系，探索建立中小企业融资公司等手段，促进民间借贷活动在规范中发展，在发展中成熟，并逐步建立起市场经济基础上的充分竞争的金融秩序。

四、结语

农村非正规金融是一种古老的经济现象。在中国封建社会，它主要以高利贷的形式存在。新中国成立后，特别是改革开放后，由于农村商品生产和交换活动空前活跃，农村的非正规金融也得到了迅速发展。民间借贷市场与银行体系在信用贷款上所提供的产品特征是不同的，民间借贷市场之所以能够在银行体系外占有一席之地，就在于它能提供与银行体系相区别的产品。在完全对称信息条件下，民间借贷市场与中小企业存在合作博弈的趋向，民间借贷为中小企业从最开始的原始积累到日后的发展壮大起了重要作用。关心我国民间借贷问题以及中小企业融资途径，对于维护我国金融秩序的正常运行有着积极意义。

参考文献

1.王宋元:关于民间借贷的博弈思考,《山西财经大学学报》,2008 年第 11 期。

2.周红岩、曾立平、李文政:民间借贷的风险隐患新特点与应对措施,《金融纵横》,2008 年第 1 期。

参考文献

1.谢识予:《经济博弈论》,复旦大学出版社 2002 年版。

2.施锡铨:《博弈论》,上海财经大学出版社 2000 年版。

3.郎艳怀:《经济数学方法与模型教程》,上海财经大学出版社 2004 年版。

4.王则柯、李杰:《博弈论教程》,中国人民大学出版社 2004 年版。

5.[加]马丁·J.奥斯本、[美]阿里尔·鲁宾斯坦著,魏玉根译:《博弈论教程》,中国社会科学出版社 2000 年版。

6.于维生、朴正爱:《博弈论及其在经济管理中的应用》,清华大学出版社 2005 年版。

7.[美]马丁·J.奥斯本著,施锡铨、陆秋君、钟明译:《博弈入门》,上海财经大学出版社 2010 年版。

8.[美]阿维纳什·K. 迪克西特、巴里·J.奈尔伯夫著,王尔山译:《策略思维》,中国人民大学出版社 2002 年版。

9.[美]冯·诺依曼、摩根斯坦著,王文玉、王宇译:《博弈论与经济行为》,生活·读书·新知三联书店 2004 年版。